吴兴华 编著

创新思维方法与训练

CHUANGXIN SIWEI
FANGFA YU XUNLIAN

中山大学出版社
·广州·

版权所有　翻印必究

图书在版编目（CIP）数据

创新思维方法与训练/吴兴华编著．—广州：中山大学出版社，2019.8

ISBN 978 – 7 – 306 – 06665 – 7

Ⅰ.①创…　Ⅱ.①吴…　Ⅲ.①创造性思维—高等学校—教材　Ⅳ.①B804.4

中国版本图书馆 CIP 数据核字（2019）第 153548 号

出 版 人：	王天琪
策划编辑：	金继伟
责任编辑：	梁嘉璐
封面设计：	曾　斌
责任校对：	谢贞静
责任技编：	何雅涛
出版发行：	中山大学出版社
电　　话：	编辑部 020 – 84111996，84113349，84111997，84110779
	发行部 020 – 84111998，84111981，84111160
地　　址：	广州市新港西路 135 号
邮　　编：	510275　　传　真：020 – 84036565
网　　址：	http://www.zsup.com.cn　　E-mail：zdcbs@mail.sysu.edu.cn
印 刷 者：	广州市友盛彩印有限公司
规　　格：	787mm × 1092mm　1/16　13.75 印张　221.2 千字
版次印次：	2021 年 8 月第 1 版第 4 次印刷
定　　价：	38.00 元

如发现本书因印装质量影响阅读，请与出版社发行部联系调换

前　言

我国已经把创新摆在了国家发展全局的核心位置，正在建设依靠科技创新来推动社会经济发展的创新型国家。创新引领，方法先行。授之以鱼，仅供一饭之需；授之以渔，则终生受用无穷。良好的方法能使我们更好地发挥运用天赋的能力，而拙劣的方法则可能成为施展才华的阻碍。唯创新者进，唯创新者强，唯创新者胜。但如何进行创新，是摆在人们面前的一个问题。为了加快创新方法在全社会的普及，促进创新理论在高校的传播，针对大学生积极开展创新创业教育，将大学毕业生培养成国家创新驱动发展的生力军，我们学习并参考了国内外众多的创新思维方法著作，编写了本书，以期抛砖引玉，为创新教育做一份贡献。

本书主要有以下亮点：

1. 紧跟学术前沿，更具科学性。本书借鉴了国内外关于创新思维优秀教材的理论，紧跟国内外最新研究成果，并在此基础上进行整合提升，内容更具科学性。

2. 内容简明实用，文字表述通俗易懂。本书内容上力求简明实用，将培养学生创新思维和创新方法这两个方面作为主要目标。其中的创新方法也是在日常生活与学习中的常用之法，如头脑风暴、思维导图、"六项思考帽"、TRIZ等，方法简单且实用。本书在消化、理解有关内容的基础上，努力使所有理论、概念的阐释明晰简洁，文字表述通俗易懂，并符合国人的阅读习惯。对于一些较难理解的问题，都尽可能举例说明。

3. 案例丰富合理，更具实用性。本书在每一项目的开端设置引导案例，同时将有典型代表意义的创新案例穿插于理论知识部分，帮助读者加深对理论知识的理解，提高理论与实际相结合的能力。

4. 突出创新思维训练，强调知行合一。本书的最终目标是，不仅要使其成为教师的"教材"，更要使其成为学生用的"学材"。叶圣陶曾说："能力的长进得靠训练。"本书选取了一些经典的、极具思维开发性的创新思维训练题目，在每个任务的后面都有"练一练"环节，以培养读者的创新思维，实现知行合一。

本书的编写工作得到国家开放大学（广州）孙彬副校长、王璐教授、郭凤林副教授等人的帮助和支持，在此表示感谢。

本书参考和借鉴了大量专家学者的资料和研究成果，在参考文献部分做了列示。

本书适合作为开放教育、网络教育和高职高专学生进行创新创业教育教材。本书还提供了丰富的配套教学课件，便于教师教学。如需配套课件请联系 xinhh2002@163.com。

由于时间仓促，编者水平有限，难免有疏漏与不妥之处，还望读者批评指正。

编　者

2019 年 4 月于广州麓湖

目　　录

项目一　创新 ……………………………………………………………… 1
　任务一　什么是创新 ………………………………………………… 3
　任务二　为什么要创新 ……………………………………………… 7
　任务三　创新对个人的重要作用 …………………………………… 9
　任务四　创新机制 …………………………………………………… 13

项目二　思维 …………………………………………………………… 22
　任务一　思维及其特征 ……………………………………………… 23
　任务二　思维类型 …………………………………………………… 27
　任务三　思维方法 …………………………………………………… 35
　任务四　思维定式及破除阻碍创新的思维定式 …………………… 42

项目三　创新思维 ……………………………………………………… 49
　任务一　创新思维概述 ……………………………………………… 50
　任务二　发散思维 …………………………………………………… 52
　任务三　收敛思维 …………………………………………………… 61
　任务四　质疑思维 …………………………………………………… 65
　任务五　横向思维 …………………………………………………… 70

项目四　组合创新法 79
　　任务一　组合创新法的内涵 79
　　任务二　常用的组合创新法 82

项目五　设问类创新方法 93
　　任务一　5W1H 法 94
　　任务二　奥斯本检核表法 99
　　任务三　头脑风暴法 106
　　任务四　和田十二法 113

项目六　类比创新方法 117
　　任务一　类比创新方法概述 118
　　任务二　综摄法 120
　　任务三　其他类比创新方法 129

项目七　TRIZ 创新方法 135
　　任务一　TRIZ 概述 136
　　任务二　TRIZ 的主要内容 143
　　任务三　常用的 TRIZ 创新方法 154
　　任务四　TRIZ 的用途 170

项目八　TRIZ 中的矛盾及其解决方法 173
　　任务一　TRIZ 中的矛盾 174
　　任务二　通用工程参数和发明原理 176
　　任务三　利用矛盾矩阵解决技术矛盾 192
　　任务四　物理矛盾 197
　　任务五　分离方法 201
　　任务六　利用分离方法求解物理矛盾 206

参考文献 210

项目一 创 新

学习目标

1. 理解创新的内涵、要素和特征。
2. 为什么要创新?
3. 创新对个人的重要作用有哪些?
4. 掌握创新的机制。

引导案例

小缺口造就大创新

也许你认为图1-1中的油漆桶再普通不过,但仔细一看,你会发现左边油漆桶的边缘处有一个小缺口,它能起到很好的引流作用,让使用者能精确地掌控倒出量并避免油漆溅出,给使用者带来了相当大的便利。

你是否曾遇到过这样的情况:夜晚灯光昏暗,或醉意朦胧时,费好大的劲也难以将钥匙准确地插进小小的钥匙孔?再看看图1-1中左边这款钥匙孔设计,它留了一个凹槽,而且有一定的弧度,即使在灯光昏暗或醉酒的情况下也能轻易地将钥匙插入孔中。

再看看图1-1中左边的托盘和右边的托盘有什么区别。很明显,左边的托盘的盘沿采用了缺口的设计:多个小槽口。这些小槽刚好可以从中间卡住酒杯,使酒杯不会因为手的晃动而轻易移动,服务员再也不用担心托盘上的酒杯晃动甚至掉落了。

再看看图1-1中的两个扳手,左边的传统扳手经常会磨损螺栓,这是因为作用力都集中在两个棱角上。右边的扳手在卡口内壁设计了几个小

图1-1 生活中的创新例子

弧，这就使作用力分散到螺栓的棱面上，从而有效地解决了棱角磨损问题。

资料来源：陈工孟，《创新思维训练与创造力开发》。内容有删改。

任务一　什么是创新

一、创新的内涵

何谓创新？顾名思义，"创"是指创造，是一种行为；"新"与"旧"相对，指新的东西，并具有"正面""积极"的含义。"创新"就是指创造新的东西，即进步的、对社会有益的、具有正面意义的东西，是对已有的东西进行替代、覆盖的活动。创新的英文是"innovation"，起源于拉丁语。最早把创新概念引入学术领域的是美籍奥地利经济学家熊彼特，他赋予创新以明确的经济学内涵，提出创新就是把生产要素和生产条件的新组合引入生产体系，即建立一种新的产品或一种产品的新特性。熊彼特提出的创新理论目的在于实现技术和经济的结合，并阐明经济发展的规律。

按照熊彼特的定义，创新就是建立一种新的生产函数，在经济活动中引入新的思想、方法，以实现生产要素新的组合。它主要包括以下五个方面的内容：

（1）产品创新——引入一种新的产品或者赋予现有产品一种新的特性。

（2）工艺创新——引入一种新的生产方法，它主要体现为在生产过程中采用新的工艺或新的生产组织方式。

（3）市场创新——开辟一个新的市场。

（4）原料创新——获得原材料或半成品新的供应来源。

（5）管理创新——实现一种新的工业组织。

在20世纪50年代，被称为"管理学之父"的美国管理学者彼得·

德鲁克把创新引入管理领域。他认为,创新就是赋予资源以新的创造财富能力的行为。1985 年,他在研究日本创新活动时就曾指出,创新不只是技术创新,也必然涉及经济创新与社会创新。他认为,从日本的创新活动来看,没有社会的整体改革,譬如在教育、经济等方面的改革,技术创新就不可能取得成功。现在的创新概念扩展到了社会的方方面面,如理论创新、制度创新、经营创新、技术创新、教育创新、分配创新等。

笔者认为,创新是指人类为了满足自身的需要,不断拓展对客观世界及其自身的认知与行为,从而产生有价值的新思想、新举措、新事物的实践活动。

二、创新的要素

创新的目的在于满足需要。需要包括两层含义:一是个人需要(如衣、食、住、行等);二是团体或社会需要(如企业技术改造、构建和谐社会等)。

创新的主体是人类。这里的人类包含两层含义:一是个人(如自然人的发明创造);二是团体或组织(如国家创新体系的建立)。

创新的客体是客观世界,包括自然界、人类社会以及人类自身的思维规律。

创新的过程是不断拓展和改变对客观世界(包括人类)的认知与行为的动态活动本身。

创新的核心是创新思维,即人类思维不断向有益于人类发展的方向动态化的改变。

创新的关键是突破,包括量的突破和质的突破。创新不一定是全新的东西,一些旧东西融合新的元素,配以新的形式,也可以叫作创新,只要它满足了人们进步的某些要求即可。

创新的结果有两种:一是物质的,如新产品的产生;二是非物质的,如新思想、新观念的产生。

三、创新的特征

埃弗雷特·罗杰斯(Everett M. Rogers)在《创新的扩散》一书中认

为，创新具有以下五个属性（特征）：一是相对优势，即创新与它所取代的方法相比所具有的优势，相对优势越大，被采用的速度就越快；二是相容性，即一项创新与现存价值观、潜在接受者过去的经历以及个体需要的符合程度，相容的创新被采用的速度更快；三是复杂性，即一项创新被理解或被使用的程度，因为简单易懂的创新更容易扩散；四是可试性，即一项创新能够被实验的可能性；五是可观察性，即在多大程度上可看到一项创新的结果。这些特性可用于判断一项创新是否容易扩散及其扩散的速度。笔者认为创新具有以下特征：

1. 目的性

创新是一种目的性很强的活动，其目的就是解决问题、满足需求。人类的创新活动是一种有特定目的的生产实践。比如，科学家进行纳米材料的研究，目的在于发现纳米世界的奥秘，提高认识纳米材料性能的能力，促进材料工业的发展，提高人类改造自然的能力。

2. 价值性

价值是客体满足主体需要的属性，是主体根据自身需要对客体所做的评价。创新的目的性使创新活动必然有自己的价值取向。创新活动的成果满足主体需要的程度越大，其价值越大。一般来说，社会价值越大的创新成果，将越有利于社会的进步。相反，没有社会价值的创新，将无益于社会进步，也就没有任何社会意义。

案例 1-1

能让色盲人识别的红绿灯

我国患有色盲的人有 8000 多万，其中男性占多数。遗憾的是，现在的交通信号红绿灯，在一百多年间几乎没有改进过。

如果能够发明一种能够让色盲者可识别的红绿灯，在现行的纯红绿颜色的灯中加入一些白色的有规则形状的图形，如在红色圆形中间加入一条横着的白杠，绿色圆形中间加入一条竖着的白杠，就可据此来让色盲者进行识别。

资料来源：曹莲霞，《创新思维与创新技法新编》。内容有删改。

3. 超前性

创新是对已有事物的改革和革新,是一种深刻的变革。创新以求新为灵魂,具有超前性。这种超前性是从实际出发、实事求是的超前。

4. 新颖性

创新不是模仿、再造,因此,新颖性是创新的重要特征。创新是对现有的事物的扬弃,是革除过时的内容,确立新的事物。新颖性即"前所未有":一是指科技发展史上的原创性成果,世界范围内前所未有,是高水平的创新;二是指创新主体能产生出相对主体自身来说前所未有的新思想、新成果。前者叫绝对新颖性,后者叫相对新颖性。对于个体,只要他产生的设想和成果是自己独立思考或研究的成果,就算是相对新颖的创新。

5. 高风险高回报性

创新可能成功,也可能失败,这种不确定性构成了创新的风险。因此,在创新过程中,只准成功、不许失败的要求,实际上是不切实际的。只能通过科学的设计与严格的实施来尽量降低创新的风险。

案例 1-2

高风险高回报的航天事业

航天事业是一项高风险、高投入、高回报的事业。在航天技术的发展过程中,已逐步形成了由空间资源利用运载器与天地往返运载器,以及卫星应用等方面组成的航天产业群体。

美国宇航局专家曾计算,美国人在航天事业上每 1 美元的投资能收到 9 美元效益,有 3 万多种民用产品得益于由研制航天飞机发展出来的技术。资料表明,美国空间计划获得的技术已经为美国增加了 2 万亿美元的巨大利润,2010 年由空间计划获得的资产达 5000 亿~6000 亿美元,大约相当于美国在欧洲的资产。

资料来源:曹莲霞,《创新思维与创新技法新编》。内容有删改。

练一练

1. 有人携带一个装有奶油蛋糕的礼盒坐地铁,但因为人多,蛋糕盒被挤坏,奶油弄脏了自己和周围人的衣物。如果你看到这一幕,请提出你的解决妙招。

2. 炎炎夏日如何防暑降温？漫漫寒冬如何保温取暖？
3. 如何利用人的运动给手机充电？
4. 乘坐硬座火车的长途旅客，有哪些方法可缓解疲劳？

任务二　为什么要创新

早在 3000 多年前，商汤王就提出了"苟日新，日日新，又日新"。人类为什么要创新呢？

从生物学角度来看，创新是人类生命体的自我更新、自我进化的自然天性。生命体的新陈代谢、自我更新是生命的本质属性，生命的缓慢进化就是生命自身创新的结果。

从心理学角度来看，创新是人类心理特有的天性。探究未知是人类心理的自然属性，反思自我、拷问价值是人类主观能动性的反映。

从社会学角度来看，创新是人类自身存在与发展的客观要求。人类要生存就必然有向自然界索取的需要，人类要发展就必须把思维的触角伸向明天。同时，创新是人类社会文明与进步的标志，外在标志是先进的科学技术物化后生产工具的诞生，内在标志是人类大脑思维的高度进化。

从人类与自然的关系来看，创新是人类与自然交互作用的必然结果。

由此可见，创新是人类的本质属性，是人类存在和发展的客观要求，也是人类社会文明与进步的标志。也就是说，有了人类就开始了创新。但是，21 世纪的今天，创新比任何时候更受人们的关注，创新的压力更显紧迫，究其原因如下。

一、人类的生存与发展面临着更严峻的挑战

人类在利用自然、改造自然为自己谋利益的时候，由于违背了客观规律，使自身的生存和发展遇到严峻挑战，如资源匮乏、人口膨胀、环境污染、疾病丛生、江河断流、土地沙化、全球变暖、物种灭绝等。

案例 1-3

物种的灭绝

仅以物种灭绝为例：1600—1800年，地球上的鸟类和兽类物种灭绝了25种，1800—1950年地球上的鸟类和兽类物种灭绝了78种。现在，全世界平均每天有75个物种灭绝，平均每小时有3个物种灭绝。近百年来，在人类干预下的物种灭绝速度比自然速度快了1000倍。很多物种还没来得及被科学家描述和命名就已经从地球上消失了。一直被认为种类和数量众多，有很强恢复能力的昆虫也开始面临灭绝的命运。自从6亿年前多细胞生物在地球上诞生以来，物种大灭绝现象已经发生过5次。现在正在进行之中的第六次物种大灭绝，人类成为罪魁祸首。专家认为，人类是否会列入其中也很难说。物种灭绝的原因，主要是生态环境的破坏、人类不合理的开发利用和外来物种的引入。有科学家估计，如果没有人类的干扰，在过去的2亿年中，平均每百年大约有90种脊椎动物灭绝，平均每27年有1种高等植物灭绝。但是人类的干扰，使鸟类和哺乳类动物灭绝的速度提高了100～1000倍。美国杜克大学著名生物学家斯图亚特·皮姆认为，如果物种以这样的速度减少下去，到2050年，目前的四分之一到一半的物种将会灭绝或濒临灭绝。

如果由人类自身的行为而造成灭顶之灾来临，人类会成为幸存者吗？

资料来源：曹莲霞，《创新思维与创新技法新编》。内容有删改。

二、中华民族的生存与发展同样遇到了严峻的挑战

中华人民共和国成立70周年之际，特别是改革开放40周年，我国经济社会事业在取得巨大进步的同时，中华民族的生存与发展同样也遇到了严峻的挑战，遭受巨大压力，如人口压力、经济压力、安全压力、资源压力、技术压力、分配压力、文化教育压力、国民素质压力等。

三、21世纪是一个以创新为特征的充满竞争的世纪

目前，知识资源和人力资源已经成为世界主要的财富资源。发达国家的财富量主要以人力资源为标志，发展中国家由于缺乏人力资源，不得不

靠出口实物资源来交换知识产品。中国最缺少的是什么？20世纪下半叶改变和影响人类生活方式的30项重大发明，没有一件是中国人发明的；美国《时代周刊》每年评选全球最佳发明，没有一件是中国人发明的。中国人最缺少的不是资源，不是美元，而是创新意识、创新精神、创新能力，以及鼓励创新、保护创新的社会环境。有学者研究认为，中国强调自主创新是由这样两个严峻的事实决定的：第一，中国难以持续地和长久地以有形的实物资源交换发达国家无形的知识和技术资源；第二，在有形产品与无形产品的交换过程中，无形产品的利润率远远高于有形产品。

四、当今时代是一个用智慧创造财富、实现个人价值的时代

知识不等于智慧，知识的灵活运用才能形成智慧。创新不仅是民族的呼唤、时代的要求，同时也是我们个人实现人生价值和搭建炫丽人生舞台的重要砝码。在竞争激烈的21世纪，为了创造更多的财富从而实现自己的人生价值最大化，并使自己的人生轨迹更为亮丽，我们同样需要创新。

练一练

1. 海洋占了地球全面积的70.9%以上，在人类居住得越来越拥挤的情况下你有何新的想法？

2. 地球上很多物种由于人类的活动而濒临灭绝，你有什么新办法来解决？

3. 面对越来越严重的空气和水污染，请设计一则公益广告进行提醒、警示，号召人们采取对策。

任务三 创新对个人的重要作用

创新是一个民族进步的灵魂，是一个国家兴旺发达的动力，也是个人在工作乃至事业上永葆生机和活力的源泉。实践告诉我们：在学习上，谁拥有创新能力，谁的头脑就灵；在工作上，谁拥有创新能力，谁的办法就多；在事业上，谁拥有创新能力，谁的天地就宽；在修养上，谁拥有创新

能力，谁的形象就好。

那么，创新对我们个人有什么重要作用呢？

一、创新能力的有与无，将决定个人的发展前途

案例1-4

公司老总选了谁？

两个大学毕业生A和B同时被分配到一家公司工作。2年过后，A大学生被提拔为副科长，B大学生心里感到很不是滋味，他找到公司老总，问："我们两个不是同时来的吗？工作上我们都非常努力，怎么只提拔了他，没提拔我啊？"老总非常有耐心地说："那好吧，我会给你解释清楚。但是，你来了这么久，先帮我干一件事吧。现在是下午4时，你到隔壁的自由市场去一趟，看有什么东西卖的，回来跟我说一声。"B说："那好，我去看一下。"说完就下楼了，不一会儿回来说："老总，市场上有个农民推着手推车，正在卖土豆。"老总问："这一车土豆大概有多少斤啊？""老总，我没问，我去问一下。"B又转身跑下楼去，回来后说："老总，这车土豆300多斤。"老总问："大概多少钱一斤呢？""哦，我还真没问，我再去问一下吧。"不一会儿回来说："老总，8角一斤。"老总又问："要是全部都买了，能便宜点不？""老总，您等一会儿，让我再去问一下吧。"过了一会儿工夫，B气喘吁吁地上楼说："老总，我问好了，6角一斤就能卖。"老总看B前后跑了4趟，汗水都流出来了，端一杯热茶过去，说："你先坐下，休息一会儿。"于是，又把A叫了过来，说："你到隔壁市场去看一下，有什么东西卖，回来给我讲一下。"A迅速地下楼了。

不一会儿，A回来了，对老总汇报："有个农民推着一车土豆在卖。""大约有多少斤啊？""我顺便打听了一下，300斤多一点。""那多少钱一斤呢？""我还真问了一下，8角一斤。""要是全部包了都买呢，能不能便宜一点啊？""我也问过那位农民啦，他说6角一斤就卖。"老总说："让他进院里来吧，我们都买了。"A紧接着答道："我已经叫到门口了，老总，就等您一句话啦。"B看到这个过程和结果，心里全明白了，于是消了气悄悄地离开了。

资料来源：《两个大学生的故事》，https://wenku.baidu.com/view/1fb97114a216147917112888.html。内容有删改。

案例1-4启示我们，能力上的差异可导致不同的结果或结局，有无创新能力（如应变思维能力、超前思维能力、联想思维能力等）更为关键。

二、创新能力的强与弱，将决定个人的事业宽度

古今中外，但凡在事业上有所建树、有所作为的人，都是创新能力很强的人。他们凭借高超的创新能力，对事物进行优化组合，他们靠智慧、创新、创意，开拓出事业上的广阔天地。

案例1-5

最佳组合

清代名将杨时斋，善于运用逆向创新性思维组织管理军队，指挥训练打仗，做到军中无闲人，展示了他的非凡谋略。

在行军打仗时，他把有听力障碍的士兵留在身旁使唤，避免了军事机密的泄露；他让不会说话的士兵传密信，即使被敌方捉住，也问不出所以然；他让行动不便的士兵防守炮台，既坚守了阵地，又避免了逃兵；他让视力不好的士兵伏地远听，及时察觉敌人的行动，先机制敌。他使每个人发挥其长处，在编配上达到了最佳组合，整体战斗能力得到了最大限度的发挥。

资料来源：师建华、黄萧萧，《创新思维开发与训练》。内容有删改。

三、创新能力的超与凡，将决定个人的勇气谋略

创新能力超高、超众，就能敢于说别人没有说过的话，敢于做别人没有做过的事，敢于思考别人没有思考过的问题。创新能力的超与凡，将决定一个人的勇气、见识的大小，以及谋略水平的高低。

四、创新能力的显与隐，将决定个人的目标设计

有无创新能力，有哪个方面的创新能力，准确了解、把握自己创新能

力的高低及其表现形式，将有助于自己的发展定位和目标设计。

清楚自己创新能力的高低及表现形式，可以使我们每个人正确认识自己，科学设计自己的目标，从而更好地锻炼发展自己，修正完善自己。事业的成功，要求一个人所从事的工作与自身的能力、兴趣、个性、风格和价值观念相结合。如果不了解自己属于何种素质、何种类型的人才，就不能做出正确的选择，不仅工作不能出色完成，事业不会有所作为，还会不自觉地浪费自己的生命。试想，孙中山如果不重新选择，就不会成为伟大的资产阶级革命家；鲁迅、郭沫若如果不重新选择，可能会成为高明的医生，但绝不会成为伟大的文学家；爱因斯坦如果不重新选择，就不会成为举世闻名的物理学家；陈景润如果不重新选择，也不会成为享誉世界的数学家。

案例1-6

效率是怎么提高的

有一家企业，老板用了很多办法都难以提高生产效率和调动员工的积极性。后来，他从外面招聘到一位人力资源经理。这位人力资源经理上任后，认真调研，在广泛听取用人部门意见和建议的基础上，采取了以下几个措施，使员工积极性显著提高。

第一个部门都是男性员工，他增加几个女性员工进去，员工积极性大大提高。他这招运用了我们常说的"男女搭配，干活不累"。

第二个部门都是青年员工，他增加几个中老年员工进去，老成持重，效率明显提高。

第三个部门都是中老年员工，他增加几个青年员工进去，增添了活力，效率直线提高。

第四个部门，男女老少都有。怎么提高效率呢？经过认真分析，他发现这个部门都是本地员工。他增加几个外地员工进去，这就如同一群沙丁鱼里面突然跳进来几条鲶鱼，效率也大幅度提高了。

于是，员工积极性提高了，效率提高了，效益增强了，企业的精神面貌也改善了。

资料来源：http://www.docin.com/p-1449229472.html? docfrom=rrela。内容有删改。

小常识

拥有逻辑思维、应变思维的人,可以做外交;

拥有灵感思维、顿悟思维的人,可以做创作;

拥有比较思维、批判思维的人,可以做学问;

拥有互动思维、规范思维的人,可以做教师;

拥有宏观思维、战略思维的人,可以做领导;

拥有开放思维、联想思维的人,可以做翻译;

拥有风险思维、竞争思维的人,可以做企业家。

练一练

有一位年轻的王子,聪明过人。一次,他率领大军与敌军交战,不幸兵败被俘。

当这位王子被押送到敌军国王的面前时,国王二话没说便下令将王子推出去斩首。机智的王子一听,马上提出了一个要求:"仁慈的陛下,我渴极了,请让我喝点水再走吧,那样我就死而无憾了。"一个临死之人提这样的要求并不过分,国王就让士兵给王子端来了一碗水。谁知王子接过来却不喝,而是左顾右盼起来。

"快喝,瞎看什么!"一名武士厉声喝道。

王子说:"我担心喝完这碗水之前,你们就会举刀杀我!"

闻听此言,国王不禁大笑起来道:"我说话从来是说一不二的。你尽管喝好了,我保证,在你喝完这碗水之前,我肯定不会杀你。"

王子一听,就知道自己有救了,于是他做了一个动作,使国王只好放了他。

请问他做了什么动作?

任务四 创新机制

创新机制是指创新主体为了在竞争中获得更好的生存与发展,受创新动力的驱使,在一定的创新资源、能力条件下所进行的文化创新、规制创新、组织创新、技术创新、战略创新、管理创新等。这些创新之间相互影响、相互作用，从而提升竞争优势。创新是一个系统的配套工程，具体包括动力机制、条件机制、运行机制。

一、创新的动力机制

创新是为了获得经济利益，获利性是创新的根本动力和目的。企业创新的根本动力有两个重要方面：一是来自企业内部的企业家精神、知识产权、技术和利益等；二是来自外部的政府激励、市场拉力和科技推力。创新是系统相互作用的结果，是在知识产权保护推动之下，市场拉力和政府激励、内外部技术推力及利益驱动协同作用的结果。

（一）知识产权

从企业内部看，产权制度关系到企业的市场主体地位，影响到企业的创新积极性和创新决策的科学性。自主知识产权问题关系到劳动者的切身利益。如果知识产权保护不到位，创新产品、技术、专利等得不到有效保护，企业创新的动力就不足。有关统计结果表明，在技术累积效果明显、研究开发投入大、风险高、设备通用性强的行业，专利保护对促进创新的效果比较明显。同时，在规模效益比较明显的领域，知识产权能给市场份额较大的企业带来更多的超额收益。

（二）企业家创新精神

企业家创新精神是其他要素无法比拟的，一个没有企业家的社会，无论其资源多么丰富，资本如何雄厚，劳动力怎样强壮，都不会有持续的经济发展。企业经营的好坏主要取决于企业经营者素质的高低，因此一个经济体运营的好坏也就受企业家群体素质高低的影响。

（三）市场需求

市场需求是创新的拉动力，市场需求的变化既影响企业的市场销售水平和利润水平，也为企业提供了新的市场机会和产品开发的新思路，引导企业以此为导向开展技术创新活动，从而形成对企业技术创新的拉动和激励。市场对现有产品的质量要求，引发企业进行产品品质和性能改进的工艺创新，而市场对新产品和服务的需求，则引发产品创新等。

项目一 创新

（四）政府激励

政府政策是创新的引导力，市场需求和市场竞争是创新的市场动力，在产业发展的初期，或在市场发育不健全、市场机制的动力作用不足甚至失效的情况下，就需要政府以激励政策来刺激和引导企业从事创新活动。企业是技术创新的主力，而政府在企业技术创新的过程中发挥着不可替代的作用。为引导和支持企业的持续创新并使其规范化，政府应在计划指导、法规保障、技术发展方向、技术转移、信贷担保、财税倾斜等方面对企业给予相应的支持。

（五）利益分配

利益分配政策直接影响着人的行为，企业进行创新的目的是实现利益最大化。企业外部的各种动力要素最终都要转化成企业利益而发挥作用。在创新动力机制中，与个人主体行为密切相关的是企业内部激励机制，个体参与创新的目的就在于实现个人利益最大化，企业内部的激励机制就是帮助个人实现利益最大化的途径。

案例1-7

管道与挑水

从前，西部有个缺水严重的边远小镇，居民要到5公里之外的地方去挑水。因此，用水成了人们生活中的一大难事，缺乏劳动力的家庭就更困难了。困难就是商机。头脑灵活的村民甲挑起水桶，以挑水、卖水为业，每担水卖2角。虽然辛苦点，但还算是一条不错的挣钱路子。村民乙见了，觉得不能让他一家独占市场，也走上挑水、卖水之路，并且让2个儿子也参与进来，很快占据了市场的大头。甲想："别人家劳动力再强，也不如我聪明。"于是他略加思索后决定，买来水桶，并聘请若干闲散劳动力，由他们挑水，自己坐镇卖水，每担水抽成5分。这样既省了力气，又多赚了钱。

可时间一长，这些闲散劳动力熟悉了门道，不再愿意被抽成，纷纷单干去了。于是，甲一下子成了"光杆司令"，而且此时竞争更激烈了。但聪明人是不会被难住的。甲请人做了2辆大车，并租来2头牛，用牛拉车运水，每次能运40担水，成本降低了，效率提高了，因此赚得更多了。

这让其他人看得直眼红。人们很快看到了"规模经营"的优势，于是纷纷联合起来，或用牛拉车，或用马拉车，参与到竞争中。然而，正当竞争日趋激烈时，人们突然发现，自己的水竟然卖不出去了，原因是甲买来水管，安装了管道，让水从水源直接流到村子里，自己坐在家里卖水就行了，且价格大幅度下降，一下子垄断了小镇的全部市场。

资料来源：罗伯特·T·清崎，《富爸爸穷爸爸》。内容有删改。

二、创新的条件机制

创新本质上是资源、能力和环境的综合应用和创造的过程，它们是创新成功不可或缺的因素，是创新得以顺利开展的基础。创新的条件机制包括创新资源、创新能力和创新环境。

（一）创新资源

1. 人力资源

在各种资源中，人力资源是最具能动性的资源。人力资源的本质是人的知识和能力，人在创新中占据着主导地位。

2. 文化资源

文化资源是在长期积累和演进的过程中由管理基本理念转化而来的具体行为，是在实践中反复作用，通过制度巩固和强化形成的根植于员工行为和心理的一种机制。

3. 组织资源

组织资源是指资产、人员与组织表现出的能力。组织是由一系列职能部门和管理制度构成的经济组织，不同的组织结构与制度决定了组织内不同部门的联系方式、管理方式，必然影响到创新过程。组织资源的整合会使组织的整体效能大于其部分之和，能为组织带来超额利益。

4. 信息资源

组织应用信息技术和信息资源，通过科学配置和优化组织内外部资源，使组织的运作和管理规范化、科学化和系统化。信息资源作为创新的必要条件，可以使组织及时地把握市场机会，做出科学决策，增进运作效率和创新能力。

5. 实物与货币资源

实物与货币资源是指组织具有一定实物形态的资源，包括生产设施、原材料、产品等，一定的实物和货币资源为组织创新提供了必需的物质条件。

（二）创新能力

1. 技术优势的创新能力

技术优势的能力是企业创新能力的核心所在，不仅包括渐进的、积累性的技术创新，还包括根本性的技术创新。技术演进的过程整体上是一种渐进的、积累的过程，但这个演进过程总会被一些技术突破所打断，形成不连续的技术进步。技术进步往往带来企业和产业内资源的重新分配，并能够打破原有秩序，使原先设置的进入障碍降低。

2. 知识的创新能力

知识是企业内积累的能帮助人们更稳定和更有效率地做事的技巧和专业技能，知识是一种特殊的资源。一个有效率的、有生命力的企业组织应该能够提供一种合理性、激励性的制度安排，鼓励知识的不断创造、使用、转移和共享。

3. 组织结构的创新能力

组织创新的实质是把组织内外各要素有机结合起来，根据企业环境变化，适时进行战略调整，以提高组织的工作绩效。把各个要素结合起来形成创新能力的核心是要处理好技能与个人的连接问题。这里有两种模式：一是以组织结构或组织流程为中心的组织创新——强调组织中非人性因素的修正，如组织结构、政策和程序规则的修正等；二是以人为中心的组织创新——通过改变组织文化和人员的态度来直接改变组织中人员的行为。

4. 企业家的创业能力

企业的生命周期有其特殊性，主要表现在不可预期性，可能会出现一个既不明显上升、也不明显下降的停滞阶段。企业的消亡也并非是不可避免的，企业完全可以通过变革实现再生。企业生命周期的特殊性与企业家的创新能力有关。企业家的创新能力是指企业家通过创新，克服企业发展的瓶颈，使企业的生命周期得以延续的能力。

5. 企业战略的创新能力

企业战略创新以增加企业价值和提升企业竞争力为目标。在企业众多的价值活动中,并不是每个环节都创造价值。因此,企业所创造的价值实际来自企业价值链的某些特定的价值活动,这些真正创造价值的战略活动,就是企业价值链的"战略环节"。

6. 品牌的创新能力

企业产品之间的差别不但表现在成本价格和质量上,还表现在其所树立的品牌上。在知识产权法律的保护下,企业在品牌上的差异逐渐变成了企业的垄断优势,变成了企业市场竞争力的一个重要组成部分。良好的品牌认知度是企业创新能力中的一种高层复合能力。

案例 1-8

神奇的导电塑料

在 1977 年之前,人们都认为塑料是绝缘体。日本白川英树教授在实验中偶发灵感,向聚乙炔塑料中添加碘杂质,结果发现添加碘杂质后的聚乙炔塑料能像金属那样具有导电性,且导电率很高。

这项重大的科学发现推动了导电塑料的发明与应用研究。此后,数十种导电塑料因此而产生。例如,有研究人员利用导电塑料代替在电路中具有蓄电作用的液体电容器电解质,成功地使电路的电阻降低到 1% 以下;还有人根据导电塑料的原理开发出新型显示器,这种显示器的画面切换速度比液晶显示器提高了近 1000 倍,画面非常清晰;此外,研究人员还利用导电塑料制作分子大小的电路,进行作为计算机计算基础的二进制的研究。2000 年,白川教授以导电塑料的科学发现,当之无愧地荣获了诺贝尔化学奖。

资料来源:陈爱玲,《创新潜能开发实用教程》。内容有删改。

(三) 创新环境

任何企业的创新都处于一定的外部环境之中,这种外部环境构成企业创新的基本条件。企业创新离不开技术、人才、资金等资源要素的自由流动,以及科技环境、人才环境、市场环境、政策环境和法制环境等环境的支持,它们之间存在一种相互作用、相互联系、相互制约、相互影响的互动运作机制。

1. 创新的科技环境

企业创新重在技术创新，它是企业在市场竞争中胜出的关键。科技环境可谓是企业技术创新的技术源，是企业创新的技术"蓄水池"。科技环境主要包括科技水平、科技力量及科技体制等。

2. 创新的人才环境

企业技术创新的核心问题是人才问题。市场竞争归根结底是人才的竞争。一个完善的、高水准的人才环境的建立，对企业技术创新的影响是深远的。

3. 创新的市场环境

创新与市场环境有着极为密切的关系，创新的市场环境不仅包括产品市场，还包括生产要素和消费资料市场等市场体系，市场机制的完善有助于企业获得创新资源要素，降低交易费用。市场透明度高、市场信息反馈快，有助于企业开展基于市场的创新，市场环境对企业创新起着重要的作用。

4. 创新的政策环境

创新会遇到各种不同的风险，一个宽松的政策环境在一定程度上可为企业创新的顺利实施降低风险，提高其成功率。政府应该通过制定包括金融政策、税收政策、政府采购政策等一系列政策，在宏观层面创造有利于企业创新的制度环境。

5. 创新的法律环境

从长远来看，技术创新依赖于政府建立一系列完善的法律法规。构筑良好的创新法律环境，可以保障各种支持创新的行政措施和政策的顺利实施，包括公司法、知识产权保护法、金融扶持、人才激励方面的法律法规等。

三、创新的运行机制

创新系统是由相互联系、相互影响的多种创新运行方式构成的一个有机整体。文化创新、制度创新、市场创新、管理创新的有机联系方式和作用形式构成企业创新的运行机制。

（一）创新运行机制的主要内容

由于技术、市场需求以及创新过程本身的复杂性，个体很难独自完成越来越复杂的创新活动。现代创新更强调的是一种系统性、集成性活动，涉及技术、制度、管理、市场、文化等方面的协同创新。

1. 文化创新

企业文化即企业的价值观。虽然企业文化各有不同，但企业文化创新的内核却存在着共性。在企业长期经营的过程中，逐步培育和发展起来的独特的企业价值观、企业精神、行为准则，构成企业核心竞争力的基础。

2. 制度创新

制度创新是企业用来约束和规范行为方式的一种体系。企业制度有着丰富的内涵，包含着相当广泛的内容，按制度的内容，企业制度可以分为产权制度、经营制度、组织制度、领导制度、管理制度等，企业本身可以看作制度的集合。

3. 市场创新

判断创新成功与否的重要标志是其市场创新的程度。市场创新是企业从市场上获取技术、经济、商业信息，产生动力和激励机制，形成有竞争力的新产品、新工艺、新服务，再通过市场销售实现创新商业利益的过程，同时也是企业开拓新市场、提高企业市场应变能力的过程。

4. 管理创新

管理说到底是追求资源有效配置的活动，而管理创新就是创造一种新的更有效的资源整合范式，这种范式既可以是新的资源的有效整合以达到组织目标的全过程式管理，也可以是新的具体资源整合的细节管理。

（二）企业创新的"飞鸟"模型

可通过"飞鸟"模型对企业创新机理运作机制进行形象描述：躯体为技术创新，体现创新成果的主体关键部分；头脑为观念或文化的创新，体现创新的总体方向和战略地位；一翼为制度创新，另一翼为市场创新，共同加速创新的实现；尾翼为管理创新，在创新管理中，企业家起着主导作用，尾翼体现了企业家在创新中的整合和平衡作用。在创新机理运行机制中，五种创新各有自己的地位，同时这五种创新也是相互作用和有机联系的，是企业创新的必要集成。集成创新是涵盖组织、文化、管理、市场等在内的全面创新，它们从不同方面直接影响企业创新机理的发挥。

（1）技术创新是企业创新运行机制的关键，它既是企业实现科学技术成果向现实生产力转化的根本途径，也是形成企业核心竞争力的源泉。技术创新为制度创新、文化创新、市场创新和管理创新提供相应的物质技术条件，是企业其他创新活动得以开展的物质推动力量。同时，技术创新为市场创新提供物质技术条件，是管理创新的动力和物质技术条件，它直接或间接地给管理创新带来新的课题，推动管理创新的开展。

（2）制度创新是企业创新运行机制的保障。制度创新包括企业分配体制改革以及赋予组织管理制度新的内容，并形成相应激励机制、协调机制，对技术创新提供有序、科学管理的依据，最终使企业制度安排能够适应技术和市场的变化，推动企业创新。制度创新为企业文化创新提供制度基础。

（3）市场创新是企业创新运行机制的归宿。市场创新通过开拓新市场或创造市场，将技术创新、制度创新、管理创新成果转化为商业价值和企业实力，向企业提供创新压力和动力，并决定和影响着企业创新活动的规模、内容及发展方向。市场创新既是企业技术创新成果的最终反映，也是企业创新的根本目的。

（4）管理创新贯穿于企业创新运行机制的始终。它通过创造新的资源整合范式，实现技术创新、文化创新、制度创新、市场创新的整体优化，提高企业创新成功的可能性，减少创新风险。

（5）文化创新是企业创新的基础。创新浪潮的每一阶段、每一次产品的更新换代都需要相应的甚至是完全不同的制度、管理、文化创新。因为旧的制度、管理、文化往往难以支持和容纳新的技术和组织变革方案。文化创新是制度、管理与市场创新的先决条件。缺乏开放观念的组织气候，创新很难取得应有的效果。企业要通过组织文化、组织氛围的塑造，培养知识共享、创新的观念，形成相对宽松的学习和创新环境。

练一练

1. 搜集当地政府为促进企业自主创新，在财政、金融、人才等方面的支持保障政策。

2. 请举例说明个人进行创新的动力机制来自何处。

项目二 思 维

学习目标

1. 理解思维及其特征。

2. 掌握抽象思维与形象思维、经验思维与理论思维、逻辑思维与非逻辑思维、正向思维与逆向思维、求同思维与求异思维等几种思维类型。

3. 了解思维方法含义，阐述知识与思维方法的关系，掌握思维方法的意义及训练。

4. 理解从众型思维定式、权威型思维定式、经验型思维定式、书本型思维定式和自我中心型思维定式等五种常见的思维定式，掌握如何破除思维定式。

引导案例

他还会爱她吗？

一天，教授走进教室，对学生说："我受一家机构委托，来做一项问卷调查，请同学们帮个忙。"一听这话，教室里发出一阵轻松的议论声。

问卷表发下来一看，只有两道题。

第一题：他很爱她，她细细的瓜子脸，弯弯的蛾眉，肤色白皙，美丽动人。可是有一天，她不幸遇上了车祸，痊愈后，脸上留下了几道丑陋的疤痕。你觉得，他会一如既往地爱她吗？

  A. 他一定会   B. 他一定不会   C. 他可能会

第二题：她很爱他，他是商界精英，儒雅沉稳，敢闯敢拼。忽然有一天，他破产了。你觉得，她还会像以前一样爱他吗？

A. 她一定会　　　　B. 她一定不会　　　　C. 她可能会

一会儿，学生做好了。问卷收上来，教授统计发现：第一题有10%的同学选A，10%的同学选B，80%的同学选C；第二题有30%的同学选A，30%的同学选B，40%的同学选C。

"看来，美女毁容比男人破产更让人不能容忍啊。"教授笑了，"做这两题时，潜意识里，你们是不是把'他'和'她'当成了恋人关系？"

"是啊。"学生答得很整齐。

"可是，题目本身并没有说'他'和'她'是恋人关系啊。"教授似有深意地看着大家，"现在，我们来假设一下，如果，第一题中的'他'是'她'的父亲，第二题中的'她'是'他'的母亲。现在让你把这两道题重新做一遍，你还会坚持原来的选择吗？"

问卷再次发到学生手中，几分钟后，问卷收上来了，教授再一次统计，发现这次两道题所有学生都选A。

教授用深沉而动情的语调说："这个世界上，有一种爱，亘古绵长，无私无求，不因季节更替，不因名利浮沉——这就是父母的爱啊！"

学生潜意识里认为这两个人是恋人，于是他们都把自己引进了预设的思维牢笼里去了。

资料来源：卢尚工、梁成刚、高丽霞，《创新方法与创新思维》。内容有删改。

任务一　思维及其特征

法国思想家帕斯卡曾经说过："人不过是一株芦苇，是自然界中最脆弱的东西。可是，人是有思维的。要想压倒人，世界万物并不需要武装起来，一缕气，一滴水，都能置人于死地。但是，即便世界万物将人压倒了，人还是比世界万物要高出一等，因为人知道自己会死，也知道世界万物在哪些方面胜过了自己，而世界万物则一无所知。"思维是人类区别于世界万物的本质特征，是人类社会与文明更新发展的原动力，在思维的推动下，人类借由一系列发明创造，从远古时代走入农耕时代，并由工业时代跃入信息时代。可以说,人类的历史正是一部思维创造史。

一、思维的含义

"思维"即日常生活中所说的"思考""想",它是发生在人类大脑之中的动态过程。思维原属于哲学研究的范畴,后来又成为逻辑学、心理学、美学和生物学等多门学科研究的内容。

哲学所说的思维有两种:一种是相对于存在(物质)而言的,即指意识或精神;另一种是指理性认识或理性认识过程,即思考或思想。思维是主观对客观间接的、概括的反映,是不同水平的认知与操作和解决问题的能力的统一,是与信息加工相关联的心理能力的总和。

逻辑学从哲学中分化出来,专门研究人的思维形式及规律,为人们提供了认识事物、论证思想的工具。逻辑学所研究的思维形式,是指抽象思维所形成的概念、判断和推理。因此,逻辑学中的思维指的是抽象思维。

心理学把思维当作心理活动的自然过程并基于此进行研究,它重在揭示思维的发生、发展及思维在人的各个不同的生理发展阶段中的活动特征和规律。心理学所讲的思维,通常也是指抽象思维,并把概括性和间接性看作思维最基本的特征,它一般不讲形象思维,但在思维之外还讲想象。随着心理学的发展,一些心理学家正在把想象和形象思维联系起来考察,认为想象的过程,在一定程度上就是形象思维的过程,形象思维是一种完全独立的思维活动,它是思维的一个类型。

美学研究的是人与世界的审美关系,因此必然会研究审美过程中的思维问题,但美学中的思维主要是指形象思维,或称艺术思维。

生物学则是从神经生理层面对思维活动进行解释和阐述,它揭示了人类思维活动中大脑神经的生理基础,是思维定义的最基本层面。

二、思维的特征

(一)概括性

在大量感性素材的基础上,把一类事物共有的本质特征及其规律加以归纳,谓之思维的概括性。概括性在人类思维活动中的重要意义在于:一方面,它使人类的认识活动打破了具体事物的局限,摆脱了人对具体事物的依赖关系；另一方面，它拓宽了人对事物认识的深度和广度。苏联心理学家鲁宾斯坦认为，概括就是迁移。概括性越高，知识的系统性越强，迁移越灵活，那么一个人的智力和思维能力就越会得到发展。比如，借助思维，人可以把形状、大小各不相同而能结出枣子的树木归于一类，称之为枣树；把枣树、杨树、银杏树等依据其有根、木质茎、叶等共性整合在一起，称之为树；还可以把树、草、地衣、青苔等以"植物"统而称之，概括出它们是"由具有细胞壁的细胞构成，具有叶绿素，以无机物为养料的生物"。这种不同层次的概括，不仅扩大了认识范围，也加深了人类对于事物本质的了解与认知。

（二）间接性

通过某些途径，如媒介、知识、经验、推理等间接地反映客观事物的本质，谓之思维的间接性。间接性在人类思维活动中的重要性表现为：一方面，它使人类有可能超越感性提供的信息，认识某种没有（或不可能）直接作用于人的各种事物的属性，揭示其本质与规律，预测其发展进程；另一方面，它使思维认识与感性认识相比，在广度与深度方面都有质的提升与飞跃。比如，科学家不可能直接感知每一颗原子弹爆炸时出现的各不相同的复杂现象，但可以通过测量仪器、模拟设备、相关理论知识和科学的计算与分析方法，定量地了解原子弹爆炸时所产生的各种破坏作用。

（三）隐藏性

美国思维学家詹姆斯·亚当斯说过："我们都是有思维的人。"但大多数人没意识到自己的思维过程是如何进行的。思维活动的终结点在于某种结果的产生，如概念、理论的提出，规划、方案的制定或利用某种方法使问题得以解决。思维结果的重要性使人们重视结果甚于重视结果产生的过程，亦即思维的过程。因此，人们很容易忽略对思考本身的思考。

（四）能动性

思维主体在与客观事物进行相互作用的过程中一直处于主动地位。思维能够主动发现目标、寻找对象之间的联系、根据对象的变化对未来进行预测、构想解决问题的方法等。

马克思说："最蹩脚的建筑师从一开始就比最灵巧的蜜蜂高明的地方，是他在用蜂蜡建筑蜂房以前，已经在自己的头脑中把它建成了。劳动过程结束时得到的结果,在这个过程开始时就已经在劳动者的表象中存在着,即已经观念地存在着。他不仅使自然物发生形式的变化,同时还在自然物中实现自己的目的。"可见,在人类认识世界、改造世界的过程中,思维作为连接主观世界与客观世界的渠道之一,是有意识、有目的的活动,具有重要的能动作用。

案例2-1

牛痘的发明

18世纪,天花是一种致死率很高的疾病,10个人中就有1个人死于这种病。爱德华·詹纳(1749—1823年)听说挤奶的姑娘不会死于天花,因此认为挤奶姑娘只会得很轻的天花和得无生命危险的牛痘之间有一定的联系。詹纳想,如果把患牛出痘处的痘液注入人体内,使人被牛痘的病毒感染,或许可以使人能抵抗天花病毒所带来的危险。詹纳决定试试他所想的主意。1796年3月,詹纳从1名正长牛痘的挤奶姑娘的牛痘肿块中抽出一些液体,滴入詹姆斯手臂上的切割口,注入牛痘液6周后,詹姆斯康复。詹纳又给詹姆斯注射天花病毒,已注射过牛痘液的詹姆斯没有得天花。在进一步试验成功以后,詹纳在1798年发表他的发现——《一个原因的调查和天花疫苗的效果》。最后,欧洲的医生都承认,用接种牛痘的方法防止天花的效果很好。1980年世界卫生组织称,全世界人民已从天花病中解放出来。

资料来源:《历史上的今天——1796年5月14日,詹纳首次给一名男孩接种牛痘》,http://mini.eastday.com/mobile/190514001513642.html#。内容有删改。

(五)时代性

实践是检验真理的唯一标准,也是人类思维活动的基础。生活于不同时代的人会受到实践活动空间与条件的制约,其思维能力、思维方式与思维水平必然有所不同,此即思维的时代性。

恩格斯指出:"每一个时代的理论思维,乃至我们时代的理论思维,都是一种历史的产物,它在不同的时代具有不同的形式,同时具有完全不同的内容。"任何思维与思维方式都具有时代性和历史性,它们是生产实践的产物,同时也是思维历史发展的结果。

人类的思维发展与人类的社会实践同步展开。原始人的实践范围狭窄，其思维水平也处于初级阶段。随着实践范围的扩大和认识水平的提高，人们在不同的物质环境中也形成了极具差异性的思维方式。如西方的古希腊人注重理性和逻辑，古代中国人则强调直觉与体悟。

练一练

1. 三只羊和三只狼要过河，只有一艘船，如果羊的总数少于狼，就会被狼吃掉，船一次只能运两只动物，并且，船上必须留一只动物来掌舵，有什么办法可以让六只动物都过去，且羊不被吃掉？

2. 一个摆渡人希望用一条小船把一只狼、一头羊和一篮白菜从一条河的左岸渡到右岸去，而小船只能容纳三者中的两者，且不能在无人看守的情况下留下狼和羊在一起或羊和白菜在一起，应怎样渡河才能将狼、羊、白菜都运过去？

任务二　思维类型

思维是人类实践的产物，既受制于具体的实践对象与实践环境，又受实践主体自身状况的影响。根据思维主体的目的、价值观、知识储备等的不同，思维活动会呈现出风格迥异的特征，正因如此，思维不可能呈现出单一的、边界清晰的类型划分。但在实践过程中，我们能够觉察到，具有相对意义的思维类型是客观存在着的，按照不同的思维类型去认识和理解思维活动及其规律，有助于我们更好地认识世界和改造世界。常见思维类型有如下几种。

一、抽象思维与形象思维

从思维活动的思想载体角度看，思维可分为抽象思维与形象思维。

抽象思维是以概念为载体的思维，即以概念组成判断，由判断组成推理，由此来把握世界、规划实践的理性活动。抽象思维的基本形式有三种：概念、判断和推理。

概念是关于对象的一般属性和本质的反映，它是抽象思维的基本单位，也是构成抽象思维主要特征的基本依据。凭借科学的抽象概念，人们能够跳出直观感知，从而获得对客观世界的本质与规律更为深刻的认知。抽象思维是在对事物的本质属性进行分析、综合、比较的基础上，舍弃非本质的细枝末节，而抽取出最本质的内容，使认识由感性进入理性。

判断是对思维对象的判定，它以肯定或否定的形式反映客观事物本质及事物之间的联系，"是不是""有没有"是判断的标示符号。判断通常是概念形成的前提，在人类的发展进程中，判断总是由个别到普遍，体现出认识过程的规律性。

推理是由已知进入未知的过程，它将概念与判断联系起来，横贯过去与未来，从而极大地扩展了人类的认知领域。

形象思维是思维主体在一定课题或认知任务的推动下，有意识或无意识地运用表象、想象等在大脑中进行分析、综合、比较、抽象与概括，最终构建出某种新的表象，并通过外化手段构建起新事物的思维。

形象思维按智力品质分类，可以划分为再现性形象思维和创造性形象思维。再现性形象思维是主体运用表象进行"再现"原作品的思维活动。正如莎士比亚所说："一千个读者，就有一千个哈姆雷特。"创造性形象思维是创造者运用表象创造出世界上原来没有的新事物的思维活动，它通常与发明、发现、创作和创新相联系，因此是产生崭新的、具有社会意义的事物的活动。

形象思维在表象的基础上，能具体、形象、生动地反映客体的本质特征，有以下三个原因：其一，形象思维主体以感性认识为基础，把实际生活作为其创造新事物的唯一源泉。主体通过观察、了解、体验，掌握大量生动的感性材料，创造出各式各样典型形象。其二，形象思维会根据美学原则和创造原型的需要，对其占有的感性材料进行取舍，只留下重要的、特别能反映或描述对象典型特征的形象。其三，在形象思维过程中，同时存在抽象思维的运动，并会对描述对象的形成起到规范制约的作用。

物理学中的模型，如电力线、磁力线、原子结构的汤姆生枣糕模型或卢瑟福小太阳系模型，都是物理学家综合运用抽象思维和形象思维的产物。爱因斯坦是具有极其深刻的逻辑思维能力的天才，可他却反对把逻辑方法视为唯一的科学方法，而是十分重视并善于发挥形象思维的创造性。他所构思的种种理想化实验就是运用形象思维的典型范例。例如，爱因斯坦"广义相对论"的创立就是源于自由想象。一天，爱因斯坦正坐在椅子上，突然想到，如果一个人自由下落，他会感觉不到他的体重。爱因斯坦说，这个简单的想象"对我影响至深，竟把我引向引力理论"。可见这两种思维方式之间存在着辩证统一关系，两者缺一不可。

二、经验思维与理论思维

从思维活动依赖的路径来看，思维可以分为经验思维与理论思维。

经验思维是经验认识的延伸与拓展，是以实际经验为依据的较为初级的思维类型。众所周知，经验是人类在长期的实践活动中积累起来的，但它属于初级水平的认知，更侧重直观的、浅表层次的内容，还没有转化为理论体系中的科学知识。因为没有对感性材料进行完整的逻辑加工与整理，借由经验思维只能从一个现象推断出另一现象，无法达到认识事物本质规律的高度。作为思维知识背景中的重要组成部分，经验思维既可以是形象形态，也可以是概念形态，或者是形象与概念的融合。这些内容构成了人脑中的记忆库，当我们接收到新的信息或遇到新的问题时，记忆库就会活跃起来，我们会有意识地搜寻那些与新信息、新问题相同或相似的经验知识，以作借鉴之用。

需要注意的是，经验思维使用的便捷性使其具有助长思维惰性和教条主义的倾向。当面临新情况、新问题时，人们可能会止于对现有经验的运用，而不去进行更为深入的思考，长此以往，人们将会陷入思维定式的泥沼，形成对客观世界的错误认知。

理论思维与经验思维相比是较为高级的思维类型。它以科学的原理、概念为基础来分析、解决问题，是由经验认识上升而来的理论认识的传承与开拓。理论思维对经验思维的超越使思维成果发生了本质变化，人类由此获得了对事物发展的整体性与规律性的认识。理论思维是探索新知识的向导，人类知识发展所需要的线索固然可能从实验和观察中获得，但也可能从对某些事物、现象或过程的分析中获得，或称借助理论思维获得。理论思维能够以科学性、系统性和对实践的预见性来推动实践水平的不断发展。恩格斯说："没有理论思维，就会连两件自然的事实也联系不起来，或者连二者之间所存在的联系都无法了解。"可见，理论思维是人们全面地、客观地、辩证地认识世界、改造世界的思维途径。

经验思维与理论思维之间存在着对立统一的辩证关系，它们既相互区别又彼此联系。理论思维能够透过经验思维的表层相似性，以客观事物的本质为思维目标，使思维成果更加深刻。同时，理论思维突破了经验思维的藩篱，不以特定时空与框架内的经验为唯一准则，从而能够在更高层次把握事物的普遍规律。这两种思维类型一个着眼于实践经验，一个着眼于科学理论，二者的抽象概括程度不同，通过其相互作用，能够将人类碎片式、或然性认知整合为对事物本质的、必然的联系的理性认知，这也符合人类从现象到本质、从外部到内部、从偶然性到必然性的认识规律。

三、逻辑思维与非逻辑思维

按照思维活动中的"充足理由原则"，思维可以分为逻辑思维与非逻辑思维。所谓"充足理由原则"，即在思维过程中，如果思维活动是建立在理由充足的基础上，我们就把它称为逻辑思维；反之，如果思维活动是建立在理由不充足或不很充足的基础上，我们就称其为非逻辑思维。

逻辑思维是一种严格遵循规则、按部就班、有条不紊地进行思考的思维方式，它注重分析、综合、归纳与演绎，可分为形式逻辑思维、辩证逻辑思维和数理逻辑思维这三种形式。形式逻辑思维是逻辑思维发展的初级阶段，是为了把握事物的本质而把事物简化和抽象为概念，并以此来反映世界的思维方式，其局限性在于不能反映事物的矛盾与辩证关系。辩证逻辑思维也称辩证思维，是逻辑思维发展的最高级阶段。它是在形式逻辑的基础上，以抽象的概念为思维的起点，把思维的确定性与灵活性统一起来，从事物的普遍联系和辩证发展来把握事物，从而保证思维的客观性与全面性。数理逻辑思维是利用数学手段而形成的一种严谨的思维方式，它最大限度地扬弃事物中的非本质细节，把概念抽象为符号，采用数学推理规则，利用符号之间的运算规则，将某种关系推演为另外一种关系，从而深刻地揭示出事物之间的最本质联系。

非逻辑思维是一种不严格遵循逻辑规律、突破常规、更具灵活性的自由思维方式。运用非逻辑思维进行思考，也会存在"思维的根据"和"思维的结果"两部分，但这两部分之间不具有必然的联系，它们不同于逻辑思维意义上的"前提"与"结论"，更不构成逻辑演绎的推理形式。因此，非逻辑思维一般没有确定的思维程序和步骤，难以总结出具有普遍规律性的结构公式，本身亦没有"有效形式"和"无效形式"的典型区分。在通常情况下，非逻辑思维的运行方式往往采取体型或面型，即着眼于事物与情景的"整体""全局"，或它们的"侧面"与"横断面"，而不是采取环环相扣的锁链般的"线型"前进路径。同时，思考者在运用非逻辑思维时的动机、意志、兴趣等因素，对其如何应用非逻辑思维以及将会取得怎样的结果都具有较大的影响。

逻辑思维代表人类知识领域的内涵，非逻辑思维代表人类知识领域的外延。逻辑思维只有依靠非逻辑思维不断去扩充其领域，才会不断地发展；非逻辑思维的结果，最终只有依靠由此建立的新的理论经验证实，才有意义。两者密不可分，相辅相成，是人类认识世界、解决自然与社会问题的左右手，缺一不可。

本书探讨的创新思维正是非逻辑思维与逻辑思维的融合、互补，是两者共同作用的结果。将创新思维等同于非逻辑思维是片面的，尽管非逻辑思维是创新思维的核心和难点，在创新思维过程中往往起质变的决定性作用，但逻辑思维作为思维活动的基础同样不可或缺。任何新的思想的提出，概念的形成，方案的选择及补充、验证，都离不开逻辑思维，它本身虽不具备创新性质，但为创新思维的展开构建根基。未经过逻辑思维的思维活动，通常以纯粹的想象力零散地四处辐射，是无根或断线风筝式的思维。虽然这种思维有时也丰富多彩，散发着智慧的光芒，但深度不够、杂乱无章，除表现出"孩童式"的美感外，对新观点的培养并无大益。而以较强的逻辑为铺垫的思维活动，则能灵活运用非逻辑思维与逻辑思维，以客观规律为本，展开深刻的思考，这种思维才既有开创性，又有洞察力，既有发散性，又有系统性，是真正的创新思维。

四、正向思维与逆向思维

正向思维是按常规思路，以时间发展的自然过程、事物的常见特征、一般趋势为标准，从已知到未知来揭示事物本质的思维方法。逆向思维在思维路线上与正向思维相反，在思考问题时，为了实现创造过程中设定的目标，跳出常规，改变思考对象的空间排列顺序，从反方向寻找解决办法。正向思维与逆向思维相互补充、相互转化，在解决问题中共同使用，经常取得事半功倍的效果。

（一）正向思维

正向思维法是依据事物发展过程建立的，它一次只对某一种或一类事物进行思考，是在对事物的过去、现在充分分析的基础上，推知事物的未知部分，提出解决方案。正向思维具有以下特点：在时间维度上与时间的方向一致，随着时间的推进进行，符合事物的自然发展过程和人类认识的过程；认识具有统计规律的现象，能够发现和认识新事物及其本质；在面对生产生活中的常规问题时，正向思维具有较高的处理效率，能取得很好的效果。

（二）逆向思维

逆向思维法利用了事物的可逆性，从反方向进行推断，寻找常规的岔道，并沿着岔道思考，运用逻辑推理去寻找新的方法和方案。

逆向思维在各种领域、活动中都有适用性。它有多种形式，如性质上对立两极的转换：软与硬、高与低等；结构、位置上的互换、颠倒：上与下、左与右等；过程上的逆转：气态变为液态或液态变为气态、电转换为磁或磁转换为电等。不论哪种方式，只要从一方面想到与之对立的另一方面，就都是逆向思维。

案例 2-2

把球投到自己的篮里

在一次篮球锦标赛上，A队与B队相遇。当比赛只剩下8秒钟时，A队以2分优势领先，正常来说已是稳操胜券了。但是，这次锦标赛采用的是循环制，A队必须赢球超过5分才能胜出。可要用仅剩的8秒钟再赢3分，谈何容易？这时A队教练突然请求暂停。暂停后比赛继续进行，球场上出现了令人意想不到的事情，只见A队队员突然运球向自己篮下跑去，并迅速起跳投篮，球应声入网。全场观众目瞪口呆，比赛时间到。可当裁判员宣布双方打成平局需要加时赛时，全场恍然大悟。A队这出人意料之举，为自己创造了一次起死回生的机会。加时赛结束后，A队赢了B队6分，如愿以偿地出线了。

资料来源：https://www.zybang.com/question/3cbfe07b51466386a93151b6b65fadc5.html。内容有删改。

五、求同思维与求异思维

英国心理学家、哲学家和经济学家约·穆勒（1806—1873年）在《逻辑学体系》中提出了后来以他的姓氏命名的"穆勒五法"，即契合法、差异法、契合差异并用法、共变法、剩余法。

契合法又称求同法，就是考察出现某一被研究现象的几个不同场合。如果这些场合除一个条件相同外，其他条件都不同，那么这个相同条件就是出现被研究现象的原因（异中求同）。

差异法又称求异法，就是比较某现象出现的场合和不出现的场合。如果这两个场合除一点不同外，其他情况都相同，那么这个不同点就是出现这个现象的原因（同中求异）。

（一）求同思维

求同思维是指在创造活动中，把两个或两个以上的事物，根据实际的需要联系在一起进行"求同"思考，寻求它们的结合点，然后从这些结合点中产生新创意的思维活动。求同思维从已知的事实或命题出发，通过沿着单一方向一步步推导来获得满意的答案。获得客观事物共同本质和规律的基本方法是归纳法，把归纳出的共同本质性规律进行推广的方法是演绎法。在这些过程中，肯定性的推断是正面求同，否定性的推断是反面求同。

求同思维追求秩序和思维缜密性，能够以严谨的逻辑性环环相扣，以实事求是的态度，从客观实际出发，揭示事物内部存在的规律和联系，并且要通过大量的实验或实践来对结论进行验证和检验。只要能在事物间找出它们的结合点，基本就能产生意想不到的结果。组合后的事物所产生的功能和效益，并不等于原先几种事物的简单相加，而是整个事物出现了新的性质和功能。

(二）求异思维

求异思维法是指对某一现象或问题，进行多起点、多方向、多角度、多原则、多层次、多结果的分析和思考，捕捉事物内部的矛盾，揭示表象下的事物本质，从而选择富有创造性的观点、看法或思想的一种思维方法。

在遇到难题时采用求异思维，常常能突破思维定式，打破传统规则，寻找到与原来不同的方法和途径。求异思维在经济、军事、创造发明、生产生活等领域广泛应用。求异思维的客观依据是任何事物都有的特殊本质和规律，即特殊矛盾表现出的差异性。求异思维可给人们带来新颖的、独创的、具有社会价值的思维成果。

案例2-3

松下无线电熨斗

在日本，松下电器的熨斗事业部很有权威性，因为它在20世纪40年代发明了日本第一台电熨斗。虽然该部门不断创新，但到后来，电熨斗还是滞销了，如何开发新品，使电熨斗再现生机，是当时该部门很头痛的一件事。

一天，被称为"熨斗博士"的事业部部长召集了几十名年龄不同的家庭主妇，请她们从使用者的角度来提要求。一位家庭主妇说："熨斗要是没有电线就方便多了。""妙，无线熨斗！"部长兴奋地叫起来，马上成立了攻关小组研究该项目。

攻关小组首先想到用蓄电池，但研制出来的熨斗很笨重，不方便使用。于是研发人员又观察、研究妇女的熨衣过程，发现妇女熨衣并非总拿着熨斗一直熨，整理衣物时总会把熨斗竖立在一边。经过统计发现，一次熨烫最长时间为23.7秒，平均为15秒，竖立的时间为8秒。于是，根据实际操作情况对蓄电熨斗进行了改进，设计了一个充电槽，每次熨后将熨斗放进充电槽充电，8秒即可充满电，这使熨斗重量大大减轻。新型无线熨斗终于诞生了，成为当年最畅销的产品。

资料来源：周苏、谢红霞，《创新思维与创业能力》。内容有删改。

这个简单的例子告诉我们，求异思维经常会产生意想不到的收获。

练一练

1. 在敌国工作的情报员获取了一份间谍的密码，内容全由数字给出。密码最后又附有一组奇怪算式，估计是二级加密。据可靠情报，式中的 +、−、×、÷、= 以及正负、进位都无变化意义。这组算式为：$51 \times 8 = 8$，$3 \times 7 = 47$，$2 \times 9 = 2$，$9 - 44 = -1$，$9^3 = 6$，$4 + 3 \times 5 = 43$。你能根据上述算式，将式中 0、1、2、3、4、5、6、7、8、9 所代表的真实数字破译出来吗？

2. 某市一家珠宝店发生了一起盗窃案，被盗走了价值十万元的珠宝。经过两个月的侦破，查明作案的人肯定是 A、B、C、D 中的一个。于是将这四人当作重大嫌疑犯拘捕起来进行审讯。审讯中，这四人有如下口供：

A：珠宝被盗那天，我在别的城市，因此我是不可能作案的。

B：是 D 偷的。

C：B 是盗窃犯，三天前我在黑市上看见他在卖珠宝。

D：B 与我有仇，有意诬陷我。

由于口供不一致，无法判断谁是罪犯。

经过进一步调查，知道这四个人中只有一个人说的是真话。那么，谁是罪犯？

任务三　思维方法

在日常生活中，我们会观察到这样的现象：有的人想问题翻来覆去，总是理不出头绪；有的人则能快刀斩乱麻，快速准确地抓住问题的关键；有的人只善于思考比较简单的问题和长期以来自己熟悉的问题，碰到复杂的新问题便束手无策、一筹莫展；有的人则不但可以在思考常规问题时驾轻就熟、应付自如，在陌生的、需要有所突破创新的问题面前也能得心应手。这些差异说明，人的思维能力，即运用思维方法的能力，有高下之分。

| 创新思维方法与训练 |

一、思维方法的含义

人类的思维活动复杂而精妙，在人类的实践活动中起到了至关重要的作用。当人们体会和总结出认识客观事物的某种带有普遍性的思维路径后，人们便可借此认识与考量其他不熟悉甚至是未知的事物，在这样的过程中就产生了思维方法。一个人在思考问题时，无论他自己能否意识到，总是有某种思维方法在他的头脑中起作用，贯穿他思维的始终。

思维方法是思维活动的基本组成因素。一般认为，思维活动由两大类因素构成：一类是思维活动中相对稳定的部分，这是思维活动的基础、材料和结果，即知识；另一类是思维活动中活的内容，它将思维体系中各种不同的知识联系起来，引导着实践活动的方向，这就是思维方法。如果将知识比作思维活动的"硬件"，那么思维方法无疑就是它的"软件"。

常言道：授之以鱼，仅供一饭之需；授之以渔，则终生受用无穷。良好的方法能使我们更好地发挥运用天赋的能力，而拙劣的方法则可能成为施展才华的阻碍。因此，提高自主创新能力、建设创新型国家，就必须把掌握思维方法置于人类思维发展的源头，发挥其在认识和创新中所具有的决定性意义与作用。

二、知识与思维方法的关系

知识与思维方法是思维活动的两个要素。两者既相互区别，又相互联系，共同构成了人类的思维活动。在现实生活中，我们会遇到这样一些人，他们学富五车、满腹经纶，可一旦面对实际问题，却往往手足无措，不知如何是好。这大抵是因为他们虽然掌握了知识，却不善于运用知识。另有一些人，他们的知识不多，但思维活跃、思路敏捷，能够利用有限的知识举一反三，将之灵活地应用到实践当中。可见，知识不等于思维能力，不能错误地将有知识等同于有运用思维方法的能力，这是人的两种不同层次的素质。

有人说，在知识经济时代，最稀缺的资源不是知识而是智慧。尽管大众传媒不遗余力地宣扬知识在新经济中的重要性，但我们应该意识到，知识在新经济模式中更多的是充当工具的角色。在新经济中真正重要的是智慧，是具有无限创造力、掌握正确思维方法的头脑。

许多人都会觉察到智慧与知识的不同，智慧比知识层次更高。从思维科学的角度来看，智慧有两种形态：一是能力形态，二是知识形态。智慧如果以能力形态出现，那么它表现为一种高级思维能力，这种高级思维能力与一般思维能力的不同之处在于，它具有较高的创造性与灵活性，能够创造新知识和灵活地将知识应用于实践。智慧如果以知识形态出现，那么它一般表现为方法性知识，这种知识具有指导大脑正确思考的功能，即它能大大提高思维的效率和效益，使大脑的思维能力更好地发挥作用。

在中国古代，人们就已经认识到"知"与"识"是两个不同的概念。"知"代表着一个人的所学，即知道些什么；"识"代表着一个人的思想，即懂得什么。有些人虽然所知甚多但真正懂得的却不多，没有自己的见解、思想，这类人常被称为有知无识的"书呆子"。春秋战国时期的赵括与三国时期的马谡，两人皆熟读兵书，谈风雄健，论起兵法阵法，一个让其父赵奢自愧弗如，一个让一生谨慎的诸葛亮视其为军中精英。然而在实际作战中，他们的军事知识并没有转化为军事能力。秦国大将白起大败赵括，坑杀赵兵四十余万，赵国从此走向衰落。马谡不听劝阻，失守街亭，使蜀国失去了入主中原的机会。赵王和诸葛亮的失误，就是被赵括和马谡的夸夸其谈所迷惑，把他们掌握的"死"知识当成了他们的能力。

我们强调智慧、强调思维方法的重要性，绝非贬低知识的价值。培根说："知识就是力量。"知识为思维活动提供了原材料，没有原材料，空谈思维方法的应用，无异于建造一栋空中楼阁，正所谓"皮之不存，毛将焉附"。学习知识和启迪思维是提升自身能力不可偏废的两个方面，没有知识的支撑，思维方法就成了无源之水、无本之木；没有思维方法的驾驭，知识就像一潭死水，波澜不兴，智慧便也无从谈起。

三、掌握思维方法的意义

人类历史上曾出现过两次研究思维方法的高潮。第一次是在公元前4世纪前后，以古希腊学者亚里士多德为代表的对逻辑演绎思维方法的研究，以此为源头，分门别类地建立起了一系列研究自然与社会的科学理论。第二次是在17世纪，以英国哲学家培根为代表的对逻辑归纳思维方法的研究，随之便推动了近代一系列实验科学的大发展。为适应当代新的科学技术革命的需要，近几十年来，又掀起了以研究非逻辑思维方法为标志的第三次思维方法研究的高潮。可见，新的思维方法的出现，必然会推动科学研究和其他创造性活动的进一步发展。人类的认知能力和思维方法正是在这种相互依赖、相互促进的关系中共同向前发展的。正如俄国著名生理学家巴甫洛夫所说："科学随方法学上获得的成就而不断跃进，方法学上每前进一步，我们便仿佛上升了一个阶梯，于是我们便展开更广阔的眼界，看见从未看见的事物。"

因此，掌握思维方法对人类的一切思维活动而言，具有极其重要的意义。一方面，掌握思维方法能为思维活动提供思路，因为它是人们千百万次思维实践的经验总结，是人们集体智慧的结晶。另一方面，掌握思维方法能够在人们思考问题时提供从什么角度、在什么范围内搜集相关信息的线索，起到不可或缺的引导作用。思维方法本身并没有优劣之分，只有当它运用于一定的思维活动中，看它是指引思维活动从而有利于达到目的，还是使思维活动大走弯路甚至遭受挫折，才有恰当与不恰当的区别。恰当的思维方法能为思维活动提供合理有效的思路，展示某种省时省力的捷径，从而提高思维的效率；不恰当的思维方法提供的则是荆棘丛生的弯路，甚至是背道而驰的歧途，从而使思维活动连连碰壁，终遭失败。

俗话说"一把钥匙开一把锁"，在思维方法上同样如此，适合的思维方法可使问题迎刃而解。可以这样讲，对思维方法的掌握将直接决定一个人思维能力的高低。科学研究发现，不同于传统智力评估依据人脑智力商数和知识拥有量的测量方式，许多卓有成就的科学家的大脑智力商数并不超常，比如像牛顿这样的大科学家，他去世后曾有人专门研究他的大脑，发现他的大脑脑容量竟然比平均水平还要低。那他究竟是如何取得无数重大的科学发现，攀登了一个又一个科学巅峰的呢？显然，掌握多种多样的思维方法是不容忽视的原因。在很多情况下，我们在知晓一些问题的答案后会有恍然大悟的感觉。这说明，并非我们大脑先天素质的差距，而是思维模式和思维方法的差异使然。因此，有意识地改善我们的思维方法，通过后天的学习和训练来提升我们的思维能力，才能"磨刀不误砍柴工"，有效地提高思维活动的效率。

案例 2-4

17 匹马怎么分

有一个财主，临终前把三个儿子叫到身边说，家里有 17 匹马可作为遗产分配，大儿子分得 1/2，二儿子分得 1/3，三儿子分得 1/9。

17 匹马的 1/2 是 8 匹半，难道要杀掉一匹马分马肉吗？三个儿子百思不得其解，于是请来村里的一位老人帮助解决难题。

老人想了又想，终于找出了答案：他从自己家里牵来了 1 匹马凑成 18 匹，大儿子分 1/2 是 9 匹，二儿子分 1/3 是 6 匹，三儿子分 1/9 是 2 匹。9+6+2=17，还剩下 1 匹，就是老人从自家牵来的，自然又牵了回去。问题解决了，皆大欢喜。

资料来源：田晓娜，《千万个智慧故事（中册）》。内容有删改。

这位老人巧妙极致地运用了创新思维解决了现实中看似没有答案的难题。

四、思维方法需要训练

思维方法可以训练吗？答案是肯定的。有关思维方法的研究都指向这样一个事实，那就是"人脑可以像肌肉一样通过后天的训练而强化"，要发展感官能力，除训练之外，没有其他办法。感官越用越敏锐。记忆力因记忆而增强，推理力、想象力则因推理、想象而长进，这些能力如果不用就会变弱甚至退化。

战国时代的《韩非子》中提出："智力不用，则君穷乎臣。"

哲学家罗素在《教育的目的》中指出："真正有用的训练，是理解若干一般原则，对于这些原则在各种具体情况下的应用有彻底的基础训练。"

生物学家贝斯特曾说："真正的教育就是智慧的训练。……经过训练的智慧乃是力量的源泉。学校的存在总要教些什么东西，这个东西就是思维的能力。"

教育家叶圣陶在《谈语文教本》中写道："能力的长进得靠训练，能力的保持得靠熟悉，其间都有个条理、步骤，不能马马虎虎一读了之。"

| 创新思维方法与训练 |

经过长期的探索实践，人们不仅对思维、思维能力、智慧的本质等问题有了初步了解，也找到了许多适用的思维训练理论与方法。思维既然可以训练，我们就应当在平常的实践中积极进行训练。俗话说："师傅领进门，修行在个人。"在思维的"修行"过程中，有一些现实问题需要注意。

（一）思维本能不等于思维能力

有人认为，人们在工作、生活的实践中就可以使自己的思维得到训练，使思维方法得到培养，不必花费时间和精力专门去进行训练和培养，这种观点是片面的。这是因为，尽管人们在工作、生活中也会使用思维方法，但这种使用是不自觉的，因而不能系统有效地提升我们的思维能力。科学家指出，我们从清晨起床到晚上睡觉，99%的动作纯粹是下意识的、习惯性的。穿衣、吃饭、跳舞乃至日常谈话的大部分方式，都是由不断重复的条件反射行为固定下来的东西。许多工作的安排都只考虑速度和最大产量，其目的是为了减少那些必须优先考虑的陌生因素，保证按部就班地完成工作。思维的本能并不等于思维的能力，任何一种能力的形成都是反复的技能性训练的结果。没有人生来就会说话，尽管人有说话的本能。能力往往是在后天的训练中培养出来的，如果想不断地提高自己的思维能力，就必须把思维方法视为一种技能，并进行反复训练。

要有效地提升自己的思维能力，就必须花费时间专门进行思维训练。现代社会生活节奏加快，人们天天忙于学习和工作，许多人花费大量时间去做许多事，却唯独不想也不愿意花费时间进行思考。从某种意义上讲，这样做无异于舍本逐末。如果不抽出时间去思考，那么思维方法得不到训练，思维能力得不到提升，许多问题就无法恰当有效地解决。

苏联昆虫学家柳比欧夫说："一个没有时间思索的科学家，是毫无指望的科学家；他如果不能改变自己的日常生活制度，挤出足够的时间去思考，那他最好放弃科学。"

卢瑟福也是一位伟大的科学家。某天，他走进实验室看到一个学生在伏案工作，便关切地问道："这么晚了，你在做什么？"学生回答："我在工作。"卢瑟福又问："那么，你早晨也在工作吗？"学生以期待老师赞许的神情回答："是的教授，早上我也工作。"卢瑟福迟疑了一下，说："那么，这样一来，你用什么时间来思考呢？"勤奋有余、思考不足也是一些学生的问题所在，缺少思考的勤奋只会得到事倍功半的效果。

（二）思维方法是思维训练的工具

我们在进行思维训练时，离不开对思维方法的学习和掌握，但也必须注意，思维方法是进行思维训练的工具，它不是思维训练的主要目的，思维训练的主要目的是提升思维能力。

在实际的思维训练中，人们常常容易将思维方法的学习简单化，认为只要知道了思维的方法或技巧，就等于拥有超人一等的思维能力。这其实是一种误解。虽然掌握正确的思维方法可以大大提高思维能力，但思维方法的掌握与将其转化为思维能力之间还有一段相当长的距离，只有经过长期、大量的思维训练，才有可能在思维实践活动中熟练地运用思维方法来解决各种各样的问题。就如同一个人要想学会游泳，只知道游泳的技巧和方法还不够，他还必须长时间地在水里进行训练，这样才能将所学的游泳技巧和方法转化为游泳技能。

因此，在思维训练过程中，大量的训练是必要的，科学的方法也是重要的。不重视方法的学习，大量的训练只能是低水平的重复，劳而无功。不加强训练，学到的方法就不能转化成技能，是纸上谈兵，没有实用价值。思维方法的学习和思维技能的训练是两个不能相互替代的过程，厚此薄彼或缺少其中任何一环，都不能算是科学的思维训练。

（三）思维训练应重视过程而非结果

学校教育主要是训练我们如何找到正确的答案，久而久之，答案被神圣化，以至于在思维训练中，许多人把能否找到正确答案当作考核训练效果的唯一标准。这种错误观念常常导致思维训练走入歧途，变了味道。真正的思维训练关心的不是思维结果，而是思维过程。正确的思维结果得益于正确的思维过程，是一种水到渠成的自然回馈。把寻找答案当作训练目标不仅会扰乱正常的思维训练，更是一种本末倒置的行为。当然，这并不意味着思维训练不注重结果，我们强调的是，如何使受训练者学会更准确地认识问题、更科学地解决问题，如何去寻找而不仅仅是找到答案，这才是最重要的。以具体的发散思维训练为例，如"说出纸有几种用途"，一般人或许会想到纸可以用来书写、擦拭、折叠、吸水等，从思维结果的角度来看，这个问题已经解决，但从思维过程的角度来看，发散思维训练才刚刚开始，也就是说，找到答案并不是训练的终点，不停地寻求答案才是训练的目的。只有经过强化训练，人的潜能才能真正被激发出来；人们才能发现思路的局限性，从而选择出有针对性和指导性的方法。

练一练

1. 请从思维方法的角度评价自己的思维能力，说一说你能熟练运用哪些思维方法。

2. 想一想，你认为自己的知识水平更高，还是思维水平更高？

3. 如果一个国家乃至全世界不再进行发明创造，将会产生什么后果？请举例具体说明。

任务四　思维定式及破除阻碍创新的思维定式

一、思维定式

思维定式，也称为惯性思维，最早由德国心理学家缪勒（G. E. Muller）于1889年提出，它是指思维主体在思维活动中形成的一种稳定性的倾向或习惯性的思维方式。思维定式的形成通常与社会环境、文化传统和个人的生活经历、个人偏好有很大的关系。而习惯化一旦形成，就很难改变，会以极大的惯性约束和规范我们的思维。

思维定式对于问题解决具有极其重要的意义。在解决问题的活动中，思维定式可以帮助人们根据面临的问题迅速联想起已经解决的类似的问题，将新问题的特征与旧问题的特征进行比较，抓住新旧问题的共同特征，将已有的知识和经验与当前问题情境建立联系，利用处理过类似的旧问题的知识和经验处理新问题，或把新问题转化成一个已解决的熟悉问题，从而为新问题的解决做好积极的心理准备。因此，在环境不变的条件下，思维定式可以提高思维活动的便捷性、敏捷性，提升思维效率，帮助人们运用已掌握的方法迅速解决问题。在日常生活中，思维定式可以帮助我们解决每天碰到的 90% 以上的问题。思维定式对问题解决既有积极的一面，也有消极的一面，它容易使我们产生思想上的局限，养成一种呆板、机械、千篇一律的习惯，不利于创新思考，不利于创造。尤其是在情境发生变化时，若把思维定式绝对化、固定化，势必成为束缚思维创新的条条框框，阻碍人们采用新的方法。

二、阻碍创新的思维定式的类型

阻碍创新的思维定式有许多，最常见的是从众型思维定式、权威型思维定式、经验型思维定式、书本型思维定式和自我中心型思维定式等五种。

（一）从众型思维定式

从众型思维定式源于从众心理。在社会互动中，人们无不以不同的方式影响那些与他们互动的人。个人往往易受别人的影响而不相信自己的认知成果，旁人能促进或阻碍某人完成某项任务，遵从的压力能迫使个人接受大多数人的判断。不仅在模棱两可的情况下如此，而且即使在明确无误的情况下也会出现类似现象，因为在心理上人们更倾向于相信大多数，认为大多数人的知识和信息来源更多、更可靠，正确的概率更大，当个人与大多数人的判断发生矛盾时，个人往往跟从大多数，从而怀疑、修正自己的判断。从众心理往往容易扼杀创新，这与创新求异的基本特征相违背。

（二）权威型思维定式

一个社会需要权威，没有权威，就没有社会秩序，没有法规，没有行为规范，社会就要乱套。社会的稳定有序往往基于人们对权威的崇敬之情以及对权威的必要服从。如恩格斯在批判反权威主义者时所说："一方面是一定的权威，不管它是怎样形成的；另一方面是一定的服从。这两者都是我们所必需的，而不管社会组织以及生产和产品流通赖以进行的物质条件是怎样的。"他指出："能最清楚地说明需要权威，而且需要最专断的权威的，要算是在汪洋大海上航行的船了。在那里，当处于危险关头，要拯救大家的生命，所有的人就得立即绝对服从一个人的意志。"然而，如果把权威绝对化、神圣化，对权威的崇敬之情就会变成对权威的迷信、盲目推崇，权威型思维就会变成遏制创新的枷锁。不恰当地引用权威的观点、不加思考地以权威的观点论是非,一切以权威的观点为最高准则,不敢越权威的"雷池"一步,这些都将不利于创新的实现。

案例 2-5

精心设计的"圈套"

日本一位著名指挥家去欧洲参加某次大赛。决赛时,评委交给他一张乐谱。在演奏中,他突然发现乐曲中出现了不和谐的地方,以为是演奏家演奏错了就指挥乐队停下来重奏一次,结果仍觉得不自然。这时,在场的评委都郑重声明乐谱没有问题,这是他的错觉。面对几百名国际上音乐界的权威,他也开始对自己的判断产生了动摇,但是,他考虑再三后,还是坚信自己的判断没错,于是坚持说:"不,一定是乐谱错了!"他的话音一落,评委们立即向他报以热烈的掌声,祝贺他大赛夺魁。

原来,这是评委们精心设计的一个"圈套",以此来考查和检验指挥家在发现乐谱错误并遭到权威人士否定时,能否坚持自己正确的判断。在此之前的两个参赛者尽管也发现了其中的问题,却因不敢指出错误而被淘汰。

资料来源:陈爱玲,《创新潜能开发实用教程》。内容有删改。

(三)经验型思维定式

人的一生会积累大量的经验,诸如生活的亲身感受、实践的直接知识、传统的习惯与观念等。经验在人们的实践活动中起着重要作用,人们可以凭借经验指导在相同条件下的相同实践活动,提高某些实践活动的效率。同时,经验也是理论的基础。理论思维必须建立在经验的基础上才有生命力,离开了经验,理论思维就无法进行。但经验又具有极大的局限性,它只在一定的实践水平上和在一定的条件下对特定的实践活动有指导意义。此外,即使在适当的范围内,它对实践活动的指导意义也是有限的。恩格斯说过,单凭观察所得的经验,是不能充分证明必然性的。黑格尔也指出,经验并不提供必然性的联系。因此,一旦拘泥于狭隘的经验,势必极大地限制个人的眼界,从而阻碍思维创新。在这种情况下,经验就成了创新思维的枷锁。

(四) 书本型思维定式

书本型思维定式是人们不顾实际，一味从书本出发，书本上怎么说就怎么做。事实上，书本知识同经验一样也具有两面性。一方面，人类社会离不开书本知识，创新思维也要基于必要的书本知识；另一方面，如若迷信书本，唯书本是从，无视活生生的现实生活，甚至用书本知识去裁剪活生生的现实，那就会禁锢思想。此时，书本就会成为创新思维的枷锁。尽管书本知识是创新思维的基础，但创新思维源于知识的灵活运用，而非单纯源于知识的积累，如若没有运用知识的智慧，只是单纯地积累，那最多成为知识的"活辞典"，而不会成为创造者。此外，书本知识也是创新思维的起点，但如若拘泥于某个领域的知识，陷于其中而不能自拔，就会限制眼界，束缚视野，不利于创新思维的产生。

案例 2-6

尽信书则不如无书

在我国古代有一本医书叫《苏沈良方》，书中记载了一个名为"圣散子"的药方，是苏轼在黄州任上，传染病发生时友人巢谷献出的秘方，当时"所活者不可胜数"。但在后来，"此药盛行于京师。太学诸生，信之尤笃。杀人无数"。宋代名医陈无择在《三因方》中便直言不讳地说："此药似治寒疫，因东坡作序，天下通行。辛未年，永嘉瘟疫，被害者不可胜数。"

资料来源：http://blog.sina.com.cn/s/blog_6128095101016o98.html。内容有删改。

你过去是否因为相信某位专家、某本书或某个权威人士的话而上当受骗？

(五) 自我中心型思维定式

在日常思维活动中，人们自觉或不自觉地按照自己的观念、站在自己的立场、用自己的目光去思考别人乃至整个世界。在以自我为中心这个概念中，个人的思考以自己为中心，一个团体的思考以团体为中心，一个国家或民族的人思考以本国本民族为中心，等等。特定的主体总是以其自身为中心去观察、认识客观世界的。任何主体所理解的客观世界都基于该主体所处的时空。对于同样的客体，特殊的瞬间和特殊的方位可导致特殊的认识角度，形成特殊的认识中心，从而获取特殊的信息。

不同的主体总是从自身的需要、兴趣和利益出发，去认识客观世界的。例如，莎士比亚说："一千个观众眼中有一千个哈姆雷特。"鲁迅说过："一部《红楼梦》，经学家看见《易》，道学家看见淫，才子看见缠绵，革命家看见排满，流言家看见宫闱秘事。"这说明每个人都会对同一事物有不同的理解，每个人对待任何事物都有自己的看法。但一旦把这种以自我为中心的现象绝对化，凡事一概站在自身的立场，用自身的眼光去思考别人乃至整个世界，并一味排斥他人的立场、观点、利益，便形成了自我中心型的思维定式，就会产生思维定式，阻碍创新思维。必须跳出自我中心型思维定式，理解"自我"之外的其他观念和事物，提升创造性思维的水平。

三、破除阻碍创新的思维定式

（一）破除从众型思维定式

破除从众型思维定式，需要提倡反潮流精神。反潮流精神，就是在认识和思考问题的时候，相信自己的理性判断能力，能够顶住周围多数人的压力，敢于坚持自己的观点，不轻易附和其他人。一般来说，创新思维能力强的人，大多具有反潮流的精神；而思维从众倾向比较强的人，创新思维能力相对较弱。从人类历史的发展来看，真理往往首先被极少数人所发现，然后才会慢慢地被传播、普及，最终成为普通民众都接受的常识。因此，要想破除从众心理，就不必顾忌多数人的意见，不必以众人的是非为是非，这样才能真正开阔思路，获得新事物、新观念。

（二）破除权威型思维定式

要破除权威型思维定式，需要学会审视权威。首先，要审视是不是本专业的权威。社会上有一种"权威泛化"现象，即把某个专业领域中的权威不恰当地扩展到社会的其他领域。其实，权威一般都有专业局限，某专业领域中的权威，一旦超出本专业领域，就不一定能成为权威。其次，要审视是不是本地域的权威。适用彼时彼地的权威性意见，不一定适用于此时此地。因此，在面对某种权威性论断时，不能不加分析地盲目套用。再次，要审视是不是当今的权威。权威是具有时间性的，不存在永远的权威。随着社会的发展，知识更新的速度在不断加快，不能与时俱进的权威也将被时代淘汰。最后，要审视是否是真正的权威或权威结论。

（三）破除经验型定式

破除经验型思维定式的关键是冲破经验的狭隘眼界，把经验思维上升到理论思维。理论思维是一种建立在经验基础之上的较为高级的思维类型。我们要掌握事物的深层规律，只靠经验思维是不行的。因为经验思维具有局限性，如经验思维只坚持事物的个性和事物固定的特性，多停留在事物的表面联系上，实际上并未了解事物的内在规律与本质特征。理论思维可以了解事物的内在本质和发展趋势，因而与经验思维相比，更深刻、更全面，能有效地指导人们的实践活动。

（四）破除书本型思维定式

破除书本型思维定式就需要我们做到不唯书，不唯上，只唯实，反对教条主义和本本主义。书本型思维定式将理论与实践相分离，主观与客观相脱离，轻视实践，轻视感性认识，夸大理性认识的作用，不分析事物的变化、发展，不研究事物矛盾的特殊性，生搬硬套现成的原则、概念来处理问题。把个别书面词句当作僵死的教条，生搬硬套，拒绝对具体问题进行具体分析。因此，破除书本型思维定式的途径在于增长运用知识的智慧；在于尊重实践，注重在实践中学习；在于善于超越有限的专业领域，开阔视野，拓展思维空间。

（五）破除自我中心型思维定式

破除自我中心型思维定式的根本途径在于"跳出自我"，多与人交流，试着站在他人的立场考虑问题，理解自身之外的事物和现象，在"自我"与"非我"的跨越中开阔视野。许多新思想、新观念的提出就归功于自我中心型思维定式的破除。例如，可持续发展战略和地球伦理观念的提出，归功于跳出人类中心主义的眼界；国际和平共处的提出，归功于跳出以狭隘的民族主义和意识形态为中心来处理国家关系的眼界。

练一练

1. 法国著名哲学家、数学家笛卡儿设计了一个被称为"魔术方阵"的数字图，图上的九个数字，纵、横、斜相加都是15。现要求变动这九个数字中的一些或全部，而将纵、横、斜相加之和都变为16。

8	1	6
3	5	7
4	9	2

2. 有6个玻璃杯在桌子上排成一排。前面3个杯子盛满了水，后3个杯子是空的。现要求只能移动或变换1个杯子，使杯子由"水—水—水—空—空—空"的排列变成"水—空—水—空—水—空"的排列。

3. 如何用一笔画出四根直线将下图的九个点连接起来？

． ． ．
． ． ．
． ． ．

项目三　创新思维

学习目标

1. 理解创新思维的含义和本质。
2. 掌握发散思维的定义、类型和特点，掌握思维导图方法。
3. 理解收敛思维的概念和特征，掌握收敛思维与发散思维的关系，掌握收敛思维的类型。
4. 理解质疑思维的概念、特征、过程和作用，重点掌握怎样提高质疑思维能力。
5. 理解横向思维的概念，区分横向思维与纵向思维、横向思维训练要点和方法。

引导案例

可以吃的塑料袋，你信吗？

塑料袋是可以吃的，而且是可以干吃的。若是不想干吃，可以将其溶在水中。是不是觉得这很神奇？的确很神奇。在印度，有人研发出能吃的塑料袋，这袋子是用12种可食用原料做的，比如马铃薯、玉米、植物油等。就连袋子上的油墨也能吃，是无害物质。塑料袋，被称为"20世纪人类最糟糕的发明"，每个塑料袋的降解时间需要400年。而这种可以吃的塑料袋，如果不想吃，埋在土里，45天就能降解；置于常温的水中，1天就可以溶解；置于沸水中，15秒就可以消失。

资料来源：《印度小伙发明可以吃的塑料袋，可以泡水喝，埋土里45天能被分解》，http://k.sina.com.cn/article_2090512390_7c9ab00602000h4tr.html?cre=tianyi&mod=pcpager_

fintoutiao&loc = 31&r = 9&doct = 0&rfunc = 100&tj = none&tr = 9。内容有删改。

任务一　创新思维概述

在创新过程中，人们运用创造性思维提出了一个又一个新观念，形成了一个又一个新理论，完成了一次又一次新发明和创造，不断地丰富着人类的知识宝库，促进了人类社会的进步和人的全面发展。创新思维是创新活动的核心，把握和获得创新思维能力是创新能否成功的关键。

一、创新思维的含义

创新思维是一种超越性智慧，它表现为思维的跳跃，其含义有以下两个方面的内容。

（一）创新思维寻求思维的跳跃

思维的跳跃可以和量子理论中的量子跳跃相比。思维的跳跃允许我们从行为的既定模式中摆脱出来。这些既定模式构成了我们的性格，也就是我们几十年来的成长和训练的结果。

创新思维就是摆脱思维的既定模式，寻求思维的跳跃，从一种可能性跳跃到另一种真实存在的可能性。思维的跳跃就是一种超越，它表现为人类智慧的一种超越性功能。

（二）创新思维是一种能动思维模式的选择

创新思维可以理解为一种超越性的智慧，这种智慧能够为那些需要解决的问题提供各种可能性，而一旦在各种可能性中选择到某种前所未有的可能性，这种智慧就成了创新思维。

创新思维是一种能动思维模式的选择，就像我们可以选择是在寒冷的冬季还是在酷热的夏天去旅游一样，我们可以对自己的思维境界进行选择，把解决问题的思维活动置于更高的境界。

| 项目三　创新思维 |

案例 3-1

土豆是如何走上餐桌的

著名的法国农学家安瑞·帕尔曼切在德国当俘虏时，亲口吃过土豆，回到法国后，决定要在自己的故乡培植它。可是在很长时间里，他未能说服任何人，因为当时宗教迷信者把土豆叫作"鬼苹果"，医生们认为它对健康有害，而农学家断言土豆会使土壤变得贫瘠。帕尔曼切反复思索后终于想出了好主意，并得到国王的许可，在一块出了名的低产田上栽培土豆。根据他的请求，由一支身穿仪仗服装的、全副武装的国王卫队看守这块地。但只是在白天看守，到了晚上，警卫就会离开。时间一久，人们按捺不住好奇，每到晚上就来挖土豆，并把它栽到自己的菜园里。帕尔曼切终于如愿以偿。

资料来源：https://wenku.baidu.com/view/f0643286aa00b52acfc7cae8.html。内容有删改。

二、创新思维的本质

可以把创新思维看成是一种超越性的智慧。采用这种思维方式，就使思维中具有了异质成分。把创新思维作为一个历史的过程来看待，创新思维的本质就是在思维中不断地加入异质成分。

人的经验不同于普通动物，人的经验可以通过累加产生质变，但简单的重复不可能出现创新。美国经济学家熊彼特曾说过："不管你把多大数量的驿路马车或邮车连续相加，也绝不能得到一条铁路。"

如果要修铁路，传统的交通工具可能会给我们启示，但仅仅启示是不够的，还需要跳出传统交通工具模式才能够想到铁路。这就需要有异质性思考，人类交通工具水准的不断提升，就是在对问题思考的过程中不断加入异质成分的结果。如果我们要为潜在的创新思维能力提供发挥其作用的舞台，那么一个有利于创新的制度安排就是必要的。传统的管理方式仍然会发挥作用，但传统的管理并不能完全满足创新的要求，还需要在制度安排上有超越传统的异质。这时候，以知识为中心的组织形式，就需要向以智慧为中心的组织形式过渡。原先的学习型组织模式就应该实现超越，演变为适应智慧时代的创新型组织模式。

练一练

1. 用两个阿拉伯数字 1 组成的最大数字是什么？用 3 个 1 组成的最大数字是什么？用 4 个 1 组成的最大数字是什么？

2. 两个朋友外出旅游，夜晚在一家旅馆过夜，聊到了体重的问题。两人都认为自己比对方瘦，但到底谁更瘦呢？只有称一称才能知道。于是他们向旅馆借体重秤，可旅馆只有一台小磅秤，而且最多只能称 20 千克的物品。可是他们拿来一些小小的道具，就把问题解决了。你知道他们是怎么做的吗？

任务二　发散思维

一、什么是发散思维

发散思维又称"辐射思维""放射思维""多向思维""扩散思维"或"求异思维"，是指从一个目标出发，沿着各种不同的途径去思考，探求多种答案的思维方式。发散思维是最常用的创造性思维，是测定创造力的主要标志之一。美国心理学家吉尔福特（Guilford，1897—1987 年）说："正是发散思维使我们看到了创新思维的标志。"哲学家查提尔说："当你只有一个主意时，这个主意就太危险了。"

发散思维表现为思维视野广阔，思维呈现出多维发散状态，即从不同方面思考同一问题。"一题多解""一物多用""举一反三"等，都属于以发散思维方式来思考问题。

发散思维从问题出发，沿不同的方向去探求多种答案，如图 3-1 所示。只有当问题存在着多种答案时，才能发生发散思维。这种思维方式不墨守成规，不拘泥于传统的做法，具有创造性。

例如，有如下的情景：一只杯子掉下来，碎了。如果继续展开，会形成怎样的问题呢？运用发散思维，可以从多个维度、不同学科进行思考，如：

| 项目三　创新思维 |

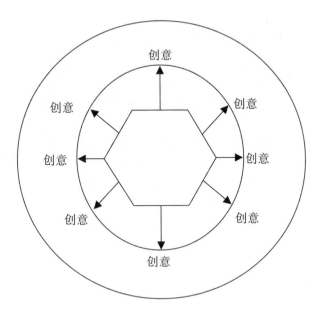

图 3-1　发散思维示意

物理题：这是自由落体运动，杯子从多高的地方掉下来才会碎呢？

化学题：杯子里装着酒精，掉进了火堆里，会产生什么现象？

经济题：杯子现在碎了，还要花多少钱才能再买一个？

语文题：你让我太伤心了，伤得如同这只杯子一样。

心理问题：杯子破碎的声音触动了一个女孩，于是她花了一下午的时间去查询为什么噪声会让人紧张。

情感问题：那是男朋友送给自己的情侣杯，这会造成一场感情风波。

时间问题：杯子摔碎了，乱了心情，还要再买，直接提升了时间成本。

历史问题：那是乾隆用过的杯子，有很多关于它的故事，杯子是那些历史故事的唯一承载，如今破了，一段历史就这样彻底消失了。

看似简单的"杯子碎了"就可联想到不同类别、不同维度的问题，也许你会产生困惑，这些都是凭空想象出来的吗？当然不是，单纯的无序发散往往收效甚微，而有序的、整合的发散通常能够获得更为有效的新观念与新方法。

例如，孔结构在工程实例中广泛应用，利用发散思维，可用孔结构解决很多问题。

（1）钢笔尖上有一条导墨水的缝，缝的一端是笔尖，另一端是一个小孔，最早生产的笔尖是没有这个小孔的，既不利于存储墨水，也不利于在生产过程中开缝隙。

（2）钢笔、圆珠笔之类的商品经常是成打（12支）平放在纸盒里的，为了在批发时不用一盒一盒拆封点数和查看笔杆颜色，有人想出在每盒盒底对应每一支笔的下面开一个孔。这样，查验时只要翻过来一看，就可知道数量够不够，是什么颜色，既省时又省力。

（3）弹子锁最怕钥匙断在里面或被人塞纸屑、火柴梗进去。如果在钥匙口对面预留一个小孔，当出现上述情况时，用细铁丝一捅就可以将异物弄出来了。

（4）中性笔的笔帽上留个小孔，以防小孩误吞而窒息。

（5）防盗门上有小孔，装上"猫眼"就能观察门外来人。

二、发散思维类型

（一）功能发散

功能发散指从某种事物出发设想它的多种功能，或从某种功能出发设想达到这种功能的多种途径。

（二）材料发散

材料发散以某个物品尽可能多的"材料"为发散点，设想它的多种用途。例如，作为一种材料，报纸可以用在哪些地方？反过来，作为物品的帽子，可以用哪些材料制作？

（三）结构发散

结构发散以某事物的结构为发散点，设想出利用该结构的各种可能性。例如，一个待设计的物品，可采用的结构形式有哪些？一个简单的结构，可进行哪些添加，从而构成新结构？含圆形结构的东西有哪些？

（四）方法发散

以某事物的使用方法为扩散点，设想它的各种用途。

案例 3-2

打孔的方法

日本有一个厂家，其生产的瓶装味精质量好，瓶子内盖上有四个孔，顾客使用时只需甩几下，很方便，可是销售量一直徘徊不前。全体职工费尽心思，销售量还是不能大增。后来一位家庭主妇提了一条小建议。厂方采纳后，不费吹灰之力便使销售量提高了近四分之一。

那位主妇的小建议是：在味精瓶的内盖上多钻一个孔。由于一般顾客放味精时只是大致甩两三下，四个孔时是这样甩，五个孔时也是这样甩，于是便在不知不觉中多用了近四分之一。

观察：看看你家厨房带孔的调料瓶，数一数上面有几个孔。想一想，为什么孔越来越多了？

资料来源：曹莲霞，《创新思维与创新技法新编》。内容有删改。

（五）因果发散

以某事物或现象为扩散点，设想出产生这一现象的多种原因或这一现象可能产生的多种结果。两个事物的各个属性之间可能存在着同一种因果关系，因此，我们可以根据一个事物的因果关系，推出另一事物的因果关系。

案例 3-3

气泡混凝土

在合成树脂（塑料）中加入发泡剂，使合成树脂中布满无数微小的孔洞，这样的泡沫用料省、质量轻，还有良好的隔热性能和隔音性能。在水泥中加入一种发泡剂，使水泥也变得既轻又具有隔热和隔音的性能，这便是气泡混凝土。

根据气泡混凝土的原理，人们又发明了加气水泥砖、气泡水泥、气泡砖、加气混凝土块等。它们具有隔热保温效果好、质量轻、单体面积大、施工效率高、比实心黏土砖综合造价低、综合性能好等优点。

资料来源：曹莲霞，《创新思维与创新技法新编》。内容有删改。

三、发散思维的特点

美国心理学家吉尔福特认为,发散性思维是指从给定的信息中产生信息,其着重点是从同一来源中产生各种各样的输出。它具有流畅性、变通性、独特性等特点。

(一)流畅性

流畅性指单位时间内产生设想和答案的多少。流畅性衡量思维发散的速度(单位时间的量),可以看作发散思维"量"的指标,是基础。具体包括字词流畅性、图形流畅性、观念流畅性、联想流畅性、表达流畅性等。

(二)变通性

变通性指提出设想或答案方向上所表现出的灵活程度。变通性是发散思维"质"的指标,表现了发散思维的灵活性、多层次性、多视角性,是思维发散的关键。

(三)独特性

独特性指提出设想或答案的新颖性程度。独特性是发散思维的本质,是思维发散的目的。独特性也可被称为独创性、求异性,它是发散思维的最高目标,最终会形成独特见解,进入创新的高级阶段。

案例 3-4

0.01 的启示

0.99 的 365 次方等于 0.03,1 的 365 次方等于 1,1.01 的 365 次方等于 37.8,这个算式带来的启示是什么?

第一个启示是"细节"。只差 0.01 结果却大不相同,这就告诉我们,细节决定成败,失之毫厘,谬以千里。在生活中我们要注重细节,从细节中能省视自己的不足。统计数据时,往往一个小数点打错了,就会导致整个报表失败;下发文件时,如果弄错了收件人,就会耽误工作。千里之堤,毁于蚁穴,做事必须重视每一个细节。

第二个启示是"勤奋"。勤学犹如春起之苗,不见其增,但日久见其长。辍学如磨刀之石,不见其亏,但日久见其损。每天少做了 0.01,一年下来，只剩下0.03，而1的365天之后也还是1，但是我们每天只要努力一点点，多做了0.01，365天之后就是37.8，奇迹就会发生。

第三个启示是"坚持"。做事要学会厚积薄发。有一种植物叫尖毛草，它生长于非洲草原，一开始它几乎没有长势，但半年后，一场暴雨之后，它在2天的时间内就可以长到1.6米，甚至是2米。原来它一开始不是不长，而是在长根部。我们的人生也像这颗尖毛草，我们也要坚持。现在我们虽然只成长0.01，但只要坚持成长，365次方之后，我们就是37.8了！

资料来源：https://www.ximalaya.com/jiaoyu/15369967/91711621。内容有删改。

四、思维导图

思维导图又称心智导图，是表达发散性思维的有效图形思维工具，是一种图像式的思维工具以及一种利用图像的思考辅助工具。它的中心是一个关键词或想法，然后以辐射线连接所有的代表字词、想法、任务或其他关联项目。它运用图文并重的技巧，把各级主题的关系用相互隶属与相关的层级图表现出来，在主题关键词与图像、颜色等之间建立记忆链接。它充分运用左右脑的机能，利用记忆、阅读、思维的规律，协助人们在科学与艺术、逻辑与想象之间平衡发展，从而开启人类大脑的无限潜能。

思维导图是一种将思维形象化的方法。我们知道，放射性思考是人类大脑的自然思考方式，每一种进入大脑的资料，如文字、数字、符码、香气、食物、线条、颜色、意象、节奏、音符等，不论是感觉、记忆，还是想法，都可以成为一个思考中心，并由此中心向外发散出成千上万的关节点，每一个关节点代表与中心主题的一个联结，而每一个联结又可以成为另一个中心主题，再向外发散出成千上万的关节点，呈现出放射性立体结构，而这些关节的联结可以视为人的记忆，就如同大脑中的神经元一样互相连接，也就是个人数据库。

思维导图是有效的思维模式，将其应用于记忆、学习、思考等，有利于人脑的发散思维的展开。

（一）思维导图的原理

思维导图利用图像、分支和关键字等元素，充分调动全脑进行记录和表达思想，是一种非常有效的思维可视化的工具和技巧。思维导图有四大原理。

1. 图像原理

比起抽象的文字符号，人的大脑对图像的敏感度更高，生动有趣的图像会给大脑留下深刻的印象。思维导图正是运用了图像，来有效刺激大脑。

人的左脑是"逻辑脑"，主要负责语言、理解、逻辑、分析、判断、分类等逻辑分析方面；右脑是"非逻辑脑"或者"图像脑"，主要负责图像、想象、空间、情感、直觉、音乐、美术、灵感等图像和想象力。

2. 发散原理

思维导图的中心会引出很多条一级分支，一级分支又可以引出很多二级分支。以一个点为中心，向四周发散出去，能够有效地锻炼发散思维，进一步提高创造力和灵感。思维导图正是由中心展开，逐渐发散到一级分支，每个一级分支又是一个中心，逐渐发散到各个二级分支，以此类推。思维导图通过这种形式结构，能够把各个知识点或信息点组织在一起，使这些知识或信息在大脑里更加组织化、结构化和系统化。

3. 收敛原理

有发散就有收敛，它们是相对的。发散性思维很重要，收敛性思维也一样重要。发散性思维是联想能力的体现，确实非常重要，它能让人天马行空，有很多联想，可能会有很多好的点子和创意出现，但是也可能会联想到很多无用的信息。这时就需要收敛性思维，时不时提醒自己的出发点和重点信息是什么。

思维导图是按照中心和分支等结构组织起来的，可以按照中心和分支进行发散，即发散是有章法的，因此，在用思维导图思考时要能收放自如。

4. 主动原理

1946年，美国学者埃德加·戴尔提出了"学习金字塔"的理论。学习金字塔用数字形式形象显示了以下内容：采用不同的学习方式，学习者在2周以后还能记住的内容（平均学习保持率）的多少。这几种不同的方法区别在于是否具有主动性。听讲、阅读、视听和看示范都是被动学习,而小组讨论、实际演练和马上应用教给别人都是主动性学习。其中,教给别人的学习效率最高,因为如果自己都不懂,怎么可能教会其他人呢?而且,在教的过程中,重新梳理了整个知识,对知识的掌握就变得更好。

思维导图和传统笔记一个很大的区别就是,思维导图需要主动地去分析、思考、总结。对所学习的知识内容重新梳理一遍,理清自己的思路,并在思考、总结中更好地理解和吸收这些知识,然后把自己理解和吸收后的知识又表达出来,表达的形式就是图像加分支加关键字的思维导图。画思维导图是让人主动思考、吸收知识和再输入的过程。

(二) 思维导图的四大要素

1. 图像

比起抽象的文字符号,我们大脑对图像的敏感度更高,印象也更加深刻。因为图像刺激的是右脑。

逻辑分析能力和抽象思维确实非常重要,需要逐步锻炼自己强大的逻辑分析能力。同时,相比于文字,人的大脑更喜欢图像和场景,图像使记忆更加容易,也更加牢固,甚至是无意识地、毫不费力地就在相应的场景中学会了知识。

思维导图作为梳理知识和计划的工具,能使记忆更加牢固和清晰的一大原因就是使用了图像。想要更好地刺激大脑,就要用更多的图像来丰富自己的思维导图。

2. 颜色

颜色结合物体的形状特征,会方便联想。因此在绘制思维导图时,涉及什么,就可以画一些辅助的小简图,并填充上漂亮的色彩,这样不仅大脑喜欢,更容易记住,也可让导图变得更精美、生动。

3. 线条

思维导图的线条包括主干和分支,主干是一级分支。主干(即一级分支)的线条一般粗一些、长一些,二级分支、三级分支的线条一般短一些、细一些。

思维导图里的线条都是曲线,而且是末端平滑的曲线。用曲线是因为曲线非常灵活,当想要添加新的内容时,可以引一条曲线出来,而且思维导图的组织形式使纸张或平面上空白的地方很多，很方便用曲线添加内容。用末端是平滑的曲线是因为线条上面要放关键词。

4. 关键词

关键词一般写在主干和分支的线条上。关键词，顾名思义，就是提取我们学习的内容的关键信息的词语。爱因斯坦曾经说过："如果你不能简单地解释一个事物，那说明你还没有真正理解它。"想要简单地把一个物体解释清楚，就需要我们理解其中的关键。

练一练

1. 如果可以不计算成本，还可以用哪些材料做衣服？
2. 旧报纸有哪些用途？
3. 用八根火柴摆出两个正方形和四个三角形（火柴不能弯曲和折断）。
4. 请列举五种以上应用杠杆原理的事物。
5. 设想火柴盒与其他事物组合能够产生何种新发明，至少说出三种。
6. 设想鞋垫与其他事物组合能够有何新用途，至少说出三种。
7. 每天早晨乘汽车上班的人很多，交通非常紧张，有哪些办法可以改变这种状况？
8. 经常有乘客把东西遗落在出租车上的情况，有哪些办法能防止此类情况的发生？
9. 如果没有了蚊子，会发生什么事情？
10. 如果人没有了味觉，会发生什么事情？
11. 爱德华·德·博诺曾提过一个关于发散思维的经典问题：有个装满水的杯子，在不倾斜杯子或打破杯子的情况下，设法取出杯中全部的水。

| 项目三　创新思维 |

任务三　收敛思维

一、什么是收敛思维

收敛思维（convergent thinking）也叫作"聚合思维""求同思维""辐集思维"或"集中思维"，是指在解决问题的过程中，尽可能利用已有的知识和经验，把众多的信息和解题的可能性逐步引导到条理化的逻辑序列中去，最终得出一个合乎逻辑规范的结论，如图3-2所示。收敛思维也是创新思维的一种形式。与发散思维不同，发散思维是为了解决某个问题，从这一问题出发，想的办法途径越多越好，总是追求还有没有更多的办法。而收敛思维也是为了解决某一问题，在众多的现象、线索、信息中，朝着问题的方向思考。

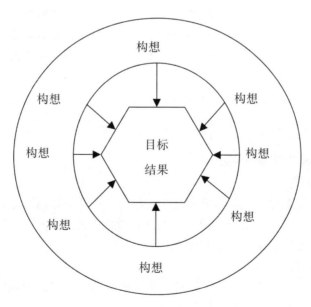

图3-2　收敛思维示意

案例 3-5

追问到底

在日本丰田汽车公司,曾经流行一种管理方法,叫作"追问到底"。也就是说,对公司新近发生的每一件事,都采用追问到底的态度,以便找出最终的原因。一旦找到了最终原因,那就对问题有了深刻的认识。比如,公司的某台机器突然停了,那就沿着这条线索进行一系列的追问。

问:"机器为什么不转了?"答:"因为保险丝断了。"

问:"为什么保险丝会断?"答:"因为超负荷而造成电流太大。"

问:"为什么会超负荷?"答:"因为轴承枯涩不够润滑。"

问:"为什么轴承枯涩不够润滑?"答:"因为油泵吸不上来润滑油。"

问:"为什么油泵吸不上来润滑油?"答:"因为抽油泵产生了严重磨损。"

问:"为什么油泵会产生严重磨损?"答:"因为油泵未装过滤器而使铁屑混入。"

追问到此,最终的原因就算找到了。给油泵装上过滤器,再换上保险丝,机器就正常运行了。如果不进行这一番追问,只是简单地换上一根保险丝,机器会立即转动,但过不了多久,机器又会停下来,因为最终原因没有被找到。

资料来源:曹莲霞,《创新思维与创新技法新编》。内容有删改。

二、收敛思维的特征以及与发散思维的关系

(一) 收敛思维的特征

1. 封闭性

如果说发散思维的思考方向是以问题为原点指向四面八方的,具有开放性,那么,收敛思维则是把许多发散思维的结果由四面八方集合起来,形成一个合理的答案,具有封闭性。

2. 连续性

发散式的思维方式具有间断性。收敛思维的进行方式则相反,是一环扣一环的,具有较强的连续性。

3. 求实性

发散思维所产生的众多设想或方案，一般来说很多都是不成熟的，也是不实际的，我们也不应对发散思维做这样的要求。对发散思维的结果，必须进行筛选，收敛思维就可以起这种筛选作用。被选择出来的设想或方案是按照实用的标准来决定的，应当是切实可行的。这样，收敛思维就表现了很强的求实性。

（二）收敛思维与发散思维的关系

1. 二者的区别

（1）思维指向相反。收敛思维是由四面八方指向问题的中心，发散思维是由问题的中心指向四面八方。

（2）两者的作用不同。收敛思维是一种求同思维，要集中各种想法的精华，达到对问题的系统全面地考察，为寻求一种最有实际应用价值的结果而把多种想法理顺、筛选、综合、统一。发散思维是一种求异思维，为在广泛的范围内搜索，要尽可能地放开，把各种不同的可能性都设想到。

2. 二者的辩证关系

收敛思维与发散思维是一种辩证关系，既有区别，又有联系，既对立又统一。没有发散思维的广泛收集，多方搜索，收敛思维就没有了加工对象，就无从进行；反过来，没有收敛思维的认真整理和精心加工，发散思维的结果再多，也不能形成有意义的创新结果。只有两者协同动作，交替运用，一个创新过程才能圆满完成。

美国创造学学者 M. J. 科顿阐述了发散性思维与收敛性思维必须在时间上分开，即分阶段的道理。如果它们混在一起，将会大大降低思维的效率。

发散性思维与收敛性思维在思维方向上的互补，以及在思维过程上的互补，是创造性解决问题所必需的。发散性思维向四面八方发散，收敛性思维向一个方向聚集，在解决问题的早期，发散性思维起到主要的作用；在解决问题的后期，收敛性思维则扮演着越来越重要的角色。

收敛思维与发散思维各有优缺点，在创新思维中相辅相成，互为补充。只有发散，没有收敛，必然导致混乱；只有收敛，没有发散，必然导致呆板僵化，抑制思维的创新。因此，创新思维一般是先发散而后收敛。

发明创新一般都要经过发散思维与收敛思维的交替过程才能完成。发散思维要求对问题的共性有一个全方位、多层次的把握，联系越多，发散也就越广。收敛思维要求对问题的个性有彻底的认识，分辨得越细，收敛得越准确。发散思维与收敛思维的结合，有利于提高思维的开放性和准确性。

三、收敛思维的类型

（一）目标确定法

平时我们碰到的问题大多比较明确，很容易找到其中的关键，只要采用适当的方法，问题便能迎刃而解。但有时一个问题并不是非常明确，很容易产生似是而非的感觉，把人们引入歧途。目标确定法要求我们首先要正确地确定搜寻的目标，进行认真的观察并做出判断，找出其中关键的现象，然后围绕目标进行收敛思维。目标的确定越具体越有效，不要确定那些各方面条件尚不具备的目标，这就要求人们对主客观条件有一个全面、正确、清醒的估计和认识。目标也可以分为近期的、远期的、大的、小的。开始运用时，可以先选小的、近期的，熟练后再逐渐扩大。

确定搜寻目标（注意目标），进行认真的观察，做出判断，找出其中的关键，围绕目标定向思维，目标的确定越具体越有效。

案例3-6

一只小猫送了法军的命

第一次世界大战期间，法国和德国交战时，法军一个旅在战争前线构筑了一座极其隐蔽的地下指挥部。指挥部的人员深居简出，行踪诡秘。但他们只注意了人员的隐蔽，却忽略了长官养的一只小猫。德军的侦察人员在观察战场时发现，每天早上八九时，都有一只小猫在法军阵地的一个土包上晒太阳。

德军依此判断：

（1）这只猫不是野猫，野猫白天不出来，更不会在炮火隆隆的阵地上出没。

（2）猫的栖身处就在土包附近，很可能是一个地下指挥部，因为周围没有人居住。

（3）根据仔细观察，这只猫是相当名贵的波斯品种，在打仗时还有兴趣养这种猫的绝不会是普通的下级军官。

据此，他们判定附近一定是法军高级指挥部所在地。随后，德军集中六个炮兵营的火力，对那里实施猛烈轰炸。事后查明，他们的判断完全正确，这个法军地下指挥部的人全部阵亡。

资料来源：曹莲霞，《创新思维与创新技法新编》。内容有删改。

练一练

1. 按要求寻找下列事物的相同之处。
（1）请说出家中既发光又发热的东西。
（2）请写出海水与江水的共同之处，越多越好。
（3）鸽子、蝴蝶、蜜蜂与苍蝇有什么相同之处？
（4）铜、铁、铝、不锈钢等金属有什么共同的属性？
2. 请在括号内填上合适的数字。
（1）2　5　8　11　（　）
（2）7　10　9　12　11　（　）（　）
3. 邮票的四周要打上齿孔，便于撕下。请你想一想，这个办法还能用在什么地方。
4. 怎样使四个9的数字列出的等式等于100？

任务四　质疑思维

一、什么是质疑思维

我们都知道儿童最喜欢提问，对于常见的事物也要问个"为什么"，但是随着年龄的增长，他就习惯了接受周围的现状，再也不喜欢问"为什么"。这是为什么呢？也许是儿童时代宝贵的创新精神已经消失殆尽了。但有的人并不会这样。牛顿发现的苹果落地现象引起了他的注意和思考,"为什么苹果会落地呢?""为什么……"牛顿善于发现问题,正是敢质疑的精神使他获得了伟大的成就。

质疑思维是指人们在原有事物的状态下,通过"为什么"的适当提问,综合应用多种思维,改变原有条件而产生新事物、新观念、新方案的思维。

孔子说:"疑是思之始,学之端。"

笛卡尔说:"一切感官获取的知识都是可以怀疑的,唯有怀疑本身不可怀疑。"

爱因斯坦说:"提出一个问题往往比解决一个问题更重要,因为解决问题也许仅是一个数学上或实验上的技能而已。而提出新的问题、新的可能性,从新的角度去看旧的问题,都需要有创造性的想象力,而且标志着科学的真正进步。"

胡适在《东西文化之比较》中写道:"科学之精神的处所,是抱定怀疑的态度;对于一切事物,都敢于怀疑,凡无真凭实据的,都不相信。这种态度虽是消极的,却有很大的功劳,因为这态度可以使我们不为迷信与权威的奴隶。怀疑的态度也是建设的、创造的,是寻求真理的唯一途径……中古的信徒基于信仰,现代的科学家则基于怀疑。"

纵览人类科学发展史,一个个勇于质疑的科学家书写了熠熠生辉的篇章。哥白尼的质疑将宇宙中心从地球转移到太阳,尽管又有后人质疑"日心说",但正是如是往复延续,人们才得以不断地探索和认识宇宙;伽利略的质疑推翻了亚里士多德"物体下落速度和重量成比例"的学说,开实验科学之先河,人们得以广泛运用实验观测和数学推理,进入现代物理学殿堂;如果爱因斯坦不曾质疑牛顿三大运动定律,相对论就无从产生……质疑如一股强大动力,激活创新思维,从而推动科学进步的车轮滚滚向前。

质疑思维最显著的特征就是疑问性。除了疑问性外,还有追问性特征。通过不断的追问,可以获得很多新的信息,从而达到目的,因此质疑思维还有一个特征就是知晓性。

案例 3-7

布鲁诺和日心说

乔尔丹诺·布鲁诺（Giordano Bruno，1548—1600 年），文艺复兴时期意大利思想家、自然科学家、哲学家和文学家。作为思想自由的象征，他鼓舞了 16 世纪欧洲的自由运动，成为西方思想史上重要人物之一。

他勇敢地捍卫和发展了哥白尼的太阳中心说，并把它传遍欧洲，被世人誉为反教会、反经院哲学的无畏战士，是捍卫真理的殉葬者。由于批判经院哲学和神学，反对地心说，宣传日心说和宇宙观，布鲁诺于 1592 年被捕入狱，最后被宗教裁判所判为"异端"，被烧死在罗马鲜花广场。1992 年，罗马教皇宣布为布鲁诺平反。

资料来源：《布鲁诺坚持科学日心说火刑柱难改真理宇宙观》，http://www.jhwmw.cn/2014/0610/380923.shtml。内容有删改。

二、质疑思维的过程

一个完整的质疑思维过程可以划分为以下五个阶段：

（1）起疑。面对某种情况产生疑问，开始思考"这是为什么呢？""这是什么呢？""会怎么样呢？"

（2）定向。产生疑问后，确定问题的方向，把握问题是出在哪里，可能会和哪些现象或原理有关。这样就为下一步提问做好准备，能够提出高水平的问题。

（3）提问。通过对该情况提出疑问来寻求准确答案、观念和理论。具体通过"是什么""为什么""怎么样"等的提问方式来寻找解决问题的方案。

（4）追问。追问就是由第一次所提出的问题，再提问并一直追问下去，直到找出其产生问题的根源或解决问题的思路。追问过程最显著的一个特点是"追"。很多具体问题的解决需要通过多步追问才能解决。

（5）知晓。知晓是质疑思维的最高层次，也是质疑思维过程的终极目标。它围绕着问题方向，不断地提出"是什么""为什么""怎么样"等的追问，最终产生独特、新颖、有价值的解决问题的创新方法。

三、质疑思维的作用

笛卡尔说:"我思故我在。"这个古老的命题,至今仍在发挥着作用。人类只有思考,不断怀疑,世界才有发展进步。质疑思维的作用可以总结为以下四个方面:

(1) 有利于培养人的独立思考能力,破除消极思维定式。人类只要产生怀疑就意味着他在开始思考,而且是独立思考,不是人云亦云,盲目从众。

(2) 有利于养成独特的思维方式,形成积极进取的创新精神。质疑思维是创新思维的重要内容。这种独特的思维方式不仅开启了创新之门,而且还给人信心,激励人们去创造美好的未来。

(3) 有利于培养人类认识世界和改造世界的能力。人类社会的进步离不开人对客观世界的认识和改造。正是人类不断追求真理的精神,才有了现代文明。

(4) 在人们的日常交际生活中,有助于提高人们的口语交际的能力。这里需要指出的是,尤其在营销战略、新闻采访中,质疑思维的作用相当明显。

在实际的教学中,老师常给学生反复讲述"尽信书,则不如无书""学则疑""合理怀疑是科学进步的动力""科学不迷信权威"等一些道理。但是怎样使学生保持好奇心,是我们的教育和老师要思考的问题。在我们的教育中,应该鼓励学生提问,应该给学生创造一个宽松的学习环境,老师应该宽容地接受学生的提问,而不是嘲笑,任何一个提问都是宝贵的,都能引起我们的思考。

四、怎样提高质疑思维能力

(一) 主动质疑法

主动质疑法的核心就是不要机械被动地接受,而是养成积极主动思考的习惯,在质疑的基础上有所创新。如对权威的质疑,可以从以下四个方面提出质疑:

(1) 是不是假权威?

（2）是不是当今最新的权威？

（3）是不是本专业的权威？

（4）其言论是不是关乎切身利益？

（二）审视习惯法

有意识地去审视习惯，发现其中不合理的成分，在思想上强化质疑的作用。比如，对于我们日常生活中已经习惯了的事情或现象，是不是应该这样继续下去，能不能有所改变？辩证唯物主义认为，世界上没有一成不变的事物，任何事物都是发展变化的。创新就是要发展，就是要改变。可以说，质疑思维是创新思维的起始阶段，创新思维是从质疑思维开始的，质疑思维是创新思维最核心的部分。

下面几个问题，请根据自己的实际情况来回答，你会发现自己已经习惯了的事其实并不都是正确合理的。

（1）在家里看喜剧时，你会不会大声笑出来？会不会和在电影院里看喜剧一样大笑，而且笑得那么放肆？为什么？

（2）你第一次抽烟或第一次喝酒，是独自一个人，还是跟其他人一起？

（3）你喜欢动画片吗？为什么？

（4）你是喜欢看《新闻联播》还是八卦新闻？为什么？

（5）你的观念与信仰是否跟父母相同？为什么？

对于上述问题，认真思考一下，就会发现问题。我们应该经常审视日常生活的习惯，这样有助于我们调整心态，不断创造奇迹。

（三）颠覆传统法

颠覆传统与审视习惯是异曲同工的，只不过它是对人们都认同的价值观的颠覆。比如，我们可以有意识地训练自己质疑：

（1）在人屋檐下，不得不低头。

（2）近朱者赤，近墨者黑？

（3）诸葛亮是个神人，是个能人。

上面的传统说法是否正确？你认同吗？放到现在社会中，或许有不同的解释。"在人屋檐下"现在不需要低头了，因为我们的社会变得越来越民主，只要你有能力，有真本事，就不用怕没有用武之地。

练一练

1. 请运用质疑思维与客户有效沟通。在推销产品的时候,客户可能会冷冰冰地说:"我不需要,你别说了。"面对这种情况,作为市场营销人员的你将如何处理?以推销多功能铅笔为例,进行现场模拟。

2. 从各个方面对习俗的质疑,是每一个思想水平较高的人的必然发展阶段。

任务五 横向思维

一、横向思维的概念

所谓横向思维(lateral thinking),是指突破问题的结构范围,思维往横处、宽处延伸和拓展,从其他领域的事物、事实中得到启示而产生新设想的思维方式。由于改变了解决问题的一般思路,试图从其他方面或方向入手,思维广度得到了大幅增加,从其他领域中得到解决问题的启示成为可能,因此,横向思维常常可以在创新活动中起到巨大的作用。用横向思维解决问题时,要暂时忘却原来占据主导地位的想法,去寻找原本不会注意的侧面通道,即另一种思路。作为一种解决问题的技巧,不从正面突破,而是迂回包抄,即间接注意。

横向思维的概念最早由英国爱德华·德·博诺提出。在其专著《新的思维》中,他用"挖井"做比喻,讲述了纵向思维与横向思维的关系。他认为,纵向思维是从常规的、单一的概念出发,并沿着这个概念一直推进,直到找出最佳方案、方法或结果。但是,万一作为起点的概念选错了,以至于找不到最佳方案,或得不到正确的结果,问题就变得相当复杂。这就像挖一口井,如果最初挖井的位置选择不当,即使费了很大劲,挖得很深,仍不会出水,怎么办?对于大多数人来说,放弃可惜,只好继续挖下去,并鼓励自己:"马上就要出水了,千万不能放弃,坚持就是胜利!"随着不断地下挖,人们一方面越来越感到失望,另一方面又觉得希望越来越大，这就是典型的纵向思维。横向思维是在纵向思维得不到正确的结果、遭遇挫折、山重水复疑无路的时候，避直就曲、另辟蹊径。既然井不能再挖，就放弃它！横向思维要求我们一旦发现位置错误，必须果断放弃并另寻新址。

横向思维是一种提高创造力的系统性手段，有意识地使用一些特定的步骤和技巧可实现横向思维能力的提升。其中，实用性最强、流行度最广的当属"六顶思考帽"法。

六顶思考帽是英国学者爱德华·德·博诺开发的一种思维训练模式，或者说是一个全面思考问题的模型。它提供了"平行思维"的工具，避免将时间浪费在互相争执上。强调的是"能够成为什么"，而非"本身是什么"，是寻求一条向前发展的路，而不是争论谁对谁错。运用博诺的六顶思考帽，将会使混乱的思考变得清晰，使团队中无意义的争论变成集思广益的创造，使每个人变得富有创造性。

六顶思考帽是管理思维的工具、沟通的操作框架，是提高团队 IQ 的有效方法。六顶思考帽是一个操作极其简单，经过反复验证的思维工具，它给人以热情、勇气和创造力，让每一次会议、每一次讨论、每一个决策都充满新意和生命力。这个工具能帮助我们增加建设性产出，充分研究每一种情况和问题，创造超常规的解决方案。使用"平行"思考技能，取代对抗型和垂直型思考方法，提高员工的协作能力，让团队的潜能发挥到极限。

任何人都有能力进行以下六种基本思维功能，这六种功能可用六顶思考帽来做比喻，如图 3-3 所示。

但我们往往不知道什么时候该戴哪顶帽子。一个团队的成员常常在同一时刻戴着不同颜色的帽子，因此导致我们大量的思想混乱、相互争吵和错误的决策。

"六顶思考帽"思维方法使我们将思考的不同方面分开，这样，我们可以依次对问题的不同侧面给予足够的重视和充分的考虑。就像彩色打印机，先将各种颜色分解成基本色，然后将每种基本色彩打印在相同的纸上，就会得到彩色的打印结果。同理，我们对思维模式进行分解，然后按照每一种思维模式对同一事物进行思考，最终得到全方位的"彩色"

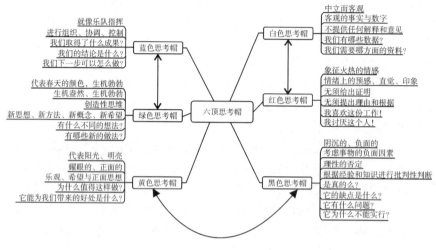

图 3-3 六顶思考帽

思考。

1. 黑色思考帽

黑色是逻辑上的否定,象征着谨慎、批评以及对于风险的评估。使用黑帽思维的主要目的有两个:发现缺点,做出评价。思考中有什么错误?这件事可能的结果是什么?黑色思维有许多检查的功能,我们可以用它来检查证据、逻辑、可能性、影响、适用性和缺点。

思考的真谛:黑色思维可以让人做出更好的决策,指出遇到的困难,对所有的问题给出合乎逻辑的理由。当用在黄色思维之后时,黑色思维是一个强效有力的评估工具;当用在绿色思维之前时,它可以提供改进和解决问题的方法。黑色思考帽问的是:哪里有问题?

2. 白色思考帽

白色是中立而客观的,代表信息、事实和数据。努力发现信息和增强信息基础是白色思维的关键部分。使用白帽思维时将注意力集中在平行排列的信息上,要牢记三个问题:我们现在有什么信息?我们还需要什么信息?我们怎么得到所需要的信息?这些信息的种类既包括确凿的事实、需要验证的问题,也包括坊间的传闻以及个人的观点等。如果出现了意见不一致的情况,可以简单地将不同的观点平行排列在一起。如果说某个有冲突的问题尤其重要,也可以稍后再对它进行检验。

思考的真谛:白色思维可以帮助人做到像电脑那样提出事实和数据,用事实和数据支持一种观点,为某种观点搜寻事实、数据以及信任事实和检验事实,处理两种观点提供的信息冲突,评估信息的相关性和准确性,区分事实和推论,明确弥补事实和推论两者差距所需的行为。

3. 红色思考帽

红色的火焰使人想到热烈与激情。它是对某种事或某种观点的预感、直觉和印象。红色思维既不是事实也不是逻辑思考,它与不偏不倚的、客观的、不带感情色彩的白色思维相反,它就像一面镜子,反射出人们的一切感受。

思考的真谛:使用红色思维时无须给出证明,无须提出理由和根据。红色思维可以让人发现,情感与直觉是什么样,就怎么样将它们表达出来。在使用红色思考帽时,要将思考时间限制在30秒内。红色思考帽的问题是:我对此的感觉是什么?

4. 黄色思考帽

黄色代表阳光和乐观,代表事物合乎逻辑性、积极性的一面。黄色思维追求的是利益和价值,是寻求解决问题的可能性。在使用黄色思考帽时,要时刻想到以下问题:有哪些积极因素?存在哪些有价值的方面?这个理念有没有什么特别吸引人的地方?这样可行吗?

思考的真谛:黄色思维可以让人做到深思熟虑,并强化创造性方法和新的思维方向。为什么一个主意是有价值的或者是可行的,必须给出理由。黄色思考帽的问题是:优点是什么?利益是什么?

5. 蓝色思考帽

蓝色是天空的颜色,有纵观全局的气概。蓝色思考帽是"控制帽",掌握思维过程本身,被视为"过程控制"。蓝色思考帽常在思维的开始、中间和结束时使用。我们能够借助它来定义目的、制订思维计划,观察和下结论,决定下一步。在使用蓝色思考帽时,要时刻想到下列问题:我们的议程是怎样的?我们下一步怎么办?我们现在使用的是哪一种思考帽?我们怎样总结现有的讨论?我们的决定是什么?

思考的真谛：蓝色思考帽可以发挥思维促进者的作用，使人集中思考，处理对特殊种类思考的需求，指出不合适的意见，按需要对思考进行总结，从而促进团队做出决策。蓝色思考帽的问题是：需要什么样的思维？下一步是什么？已经做了什么？

6. 绿色思考帽

绿色是有生命的颜色，是充满生机的。绿色思考帽不需要以逻辑性为基础，它允许人们做出多种假设。在使用绿色思考帽时，要时刻想到下列问题：我们还有其他方法来做这件事吗？我们还能做其他什么事情吗？有什么可能发生的事情吗？什么方法可以克服我们遇到的困难？绿色思考帽可以帮助我们寻求新方案和备选方案，修改和去除现存方法的错误，为创造力的尝试提供时间和空间。

思考的真谛：绿色思维激发行动的指导思想，提出解释，预言结果和新的设计。使用绿色思维，我们可寻找各种可供选择的方案以及新颖的念头。用一句话来说，与绿色思维密切相关的就是可能性。可能性包括了在科学领域使用假设的工具。可能性为人们感知的形成、观点与信息的排列提供了一个框架。绿色思考帽提出的问题是：我们有什么样的想法？

颜色不同的帽子分别代表着不同的思考方式，人们要学会在不同的时间带上不同颜色的帽子去思考。创新的关键在于思考，从多角度去思考问题，绕着圈去观察事物才能产生新想法。运用六项思考帽模型，不局限于某单一思维模式。思考帽代表的是角色分类，是一种思考要求，而不是代表扮演者本人。六项思考帽代表的六种思维角色，几乎涵盖了思维的整个过程，既可以有效地支持个人的行为，也可以支持团体讨论中的互相激发。一个典型的六项思考帽团队在实际中的应用步骤如下：

（1）陈述问题事实（白帽子）。

（2）提出如何解决问题的建议（绿帽子）。

（3）评估该方案的优点（黄帽子）。

（4）列举该方案的缺点（黑帽子）。

（5）对各项选择方案进行直觉判断（红帽子）。

（6）总结陈述，做出决策（蓝帽子）。

值得注意的是，"六项思考帽"在实践中的使用顺序并不固定，也就是说，凡在合适的情况下都可以使用相应的思考帽。因此，使用者用何种方式去排列帽子的顺序就显得非常关键，这要求使用者应真正掌握各思考帽的应用方法，哪一种适于考察问题，哪一种适于解决问题，哪一种适于协调争论，哪一种适于得出结论，等等。其次，使用者应掌握组织思考的流程。我们可以想象，一个人写文章的时候需要事先拟出自己的结构提纲，以便自己写得有条理，一个程序员在编制大段程序之前也需要先设计整个程序的模块流程，思维同样如此。六项思考帽不仅定义了思维的不同类型，还定义了思维的流程结构对思考结果的影响。如果使用者不能熟练掌握思考帽本身和思考的流程，那么它将形同虚设。

二、横向思维与纵向思维

横向思维与纵向思维并非彼此隔离、相互排斥的，相反，两者相辅相成、互为补充。人类思维的发展趋势就是要建立起纵向思维和横向思维有机结合的立体思维模式。横向思维与纵向思维的区别见表3-1。

表3-1 横向思维与纵向思维的区别

横向思维	纵向思维
启发性的	分析性的
跳跃	按部就班
不必保证每个步骤的正确	保证每个步骤的正确
可以不用否定来堵死某些途径	用否定来堵死某些途径
欢迎偶然闯进的东西	集中一点，排除非相关因素
范畴、类别、名称可以不固定	范畴、类别、名称固定
遵循最无希望的途径	遵循最有希望的途径

爱德华·德·博诺在论述横向思维的特征时曾说："如果说纵向思维

是充分性比较大的思维,那么横向思维就是充分性比较小的思维。"纵向思维是"充分性较大的思维",因为纵向思维者往往对局势采取最理智的态度,从假设—前提—概念开始,依靠逻辑认真思考,直至获得问题的答案;横向思维是"充分性较小的思维",是因为它建立在理由不充分的基础之上,对问题本身提出问题,进而得到一种看问题的新方法、新路径。

案例 3-8

如何解决等电梯时间过久问题

有一家公司新搬入一幢摩天大楼,不久就遇到了一个难题。由于当初楼内安装的电梯过少,员工上下班时经常要等很长时间,为此怨声不断。于是公司总裁把各部门负责人召集到一起,请大家出谋划策解决电梯不足的问题。经过一番讨论,大家提出了四种解决方案。

第一种:提升电梯上下速度,或者在上下班高峰时段,让电梯只在人多的楼层停。

第二种:各部门上下班时间错开,减少电梯同时使用概率。

第三种:在所有的电梯门口装上镜子。

第四种:安装一部新电梯。

根据爱德华·德·博诺的说法,如果你想出的是第一、第二或第四种,那么你的思维方式属于纵向型或传统型。如果你提出的是第三种,那么你的思维方式属于水平型,属于横向思维。经过慎重考虑,该公司选择了第三种方案。该方案付诸实施后,员工乘电梯上下,再也没有了抱怨声。爱德华·德·博诺总结说:"等着乘电梯的人一看到镜子,免不了开始观察自己的镜中形象,或者偷偷打量别人的打扮,烦人的等待时刻就在镜前顾盼之间悄悄过去了。该公司的难题固然由电梯不足引起,但也与员工缺乏耐心不无关系。"

资料来源:《郑州日报》,2019-04-03,《马存伍·博诺的"横向思维"》。内容有删改。

从创新思维的角度讲,应当对横向思维带来的新设想、新概念多加运用。纵向思维是一种相对传统的逻辑思考方式,即思考者是从事物的某个状况直接推演到另一状况,就好像盖房子,把砖头一块接一块牢固地叠起来。因此,纵向思维和稳定有关,它是在寻找一个令人满意的答案,然后就此打住。横向思维则和移动、改变有关，它绝不是要尝试去证明什么，而是不断探寻、引发新想法。因此，横向思维是有创造力的，它是从一种方法转移到另一种方法，总是在寻找更好的方案，总是带着希望——希望可以经由重新组合而达到优化。简言之，纵向思维是在寻找答案，而横向思维是在寻找问题。纵向思维者会判断什么是对的，然后全心于此。横向思维者则寻找替代方案。纵向思维是寻找解决问题的最好、最正确的方法；横向思维则是想一想有没有其他方法，换个角度来思考问题。在实际的思维过程中，人们经常交替使用"横向"和"纵向"两种方式。那些思维敏捷的人，经常能表现出良好的"临场应急"本领。这种本领在社交场合很有用处，它可以让我们摆脱尴尬的境地，或者反抗某些人的恶意攻击。其中常用的方法就是把横向思维与纵向思维结合起来。因此，最好的顺序是先用"横向转换"找出合适的线索，再采用"纵向进退"进行深入思考。把横向思维和纵向思维结合起来，全面思考、逐级排除，最后找准方向、有的放矢，才是提高思维效率的有效途径。

三、横向思维的训练要点

（一）寻求各种观点

一般而言，在处理问题时，首先要规定解决问题的范围，只有在这个范围内才能使用逻辑推理方式。但是，实际的解决办法在范围之外的情况也有很多。因此，应对问题本身及解决方案提供多种选择。

（二）打破定式，提出富有挑战性的假设

在对问题进行假定时，我们常容易受到支配性观点的束缚。"支配性观点"指的是推动现实生活的现成概念，对于创造活动来说，它是很大的障碍。为了产生新的设想，首先要消除这些障碍，要有意识地找出支配现状的观点，使之明确化，然后指出其弱点。这样就可以避开现成概念，自由地进行想象。

（三）要对各种假定提出诘难

通常情况下，人们在思考某件事情时，总能够做出几种假定——它们看来是如此明显，以至于我们会无意识地把它们视为理所当然。但是，当我们抱着怀疑的态度仔细追究时，它们可能被证明是不可能或不恰当的，

继而可以将思想上的障碍扫清。

（四）养成寻求尽可能多的探讨问题的方法的习惯

不要执着于好像是最有希望解决问题的那种办法，人们可以给自己确定一个可供选择的方法的定额，它可以起到刺激作用，以期不断地寻求观察问题的其他办法，寻求类比和可能的联系。

（五）不要急于对头脑中涌现出的想法加以判断

许多科学发现常以假线索作为先导，在没有确定某种想法会引导出什么结果之前，不要将其放弃，因为它也许能孕育出更好的想法。这样做的目的在于发现一种新的、有意义的组合，而不去追究其通过何种途径实现。

（六）将问题具体化，使之在头脑中形成一幅图像

这幅图像可以通过改变各个部分，或对它们进行重组而予以重新构思。要能注意到分歧点，发现相互的关联，考虑到各部分的功能以及怀疑的限度。粗略的图解有益于用符号来表示各种不同的要素。

（七）要从问题之外寻求偶然的刺激

一个人应该在头脑中留有空白，并随时等待着接受能引起思维刺激的信息。有意识地扩大接触面、对他人的建议持开放态度等都有可能因随机信息的刺激获得有益的联想和启发。灵活地利用偶然机会，利用交叉刺激萌发新想法，这会令问题迎刃而解。

练一练

1. 如何运用"六项思考帽"的思维方式解决住在楼梯楼的老人上下楼困难的问题？

2. 请运用横向思维方式探讨如何解决城市停车难问题。

项目四　组合创新法

学习目标

1. 理解组合创新法的内涵。
2. 掌握同类组合创新法、异类组合创新法、主体附加组合法、重构组合新法、技术组合创新法和信息交合法等几种主要的组合创新方法。

引导案例

小处不可随便

于右任是诗人、书法家,当时许多人都以得到他的片纸只字为荣。有一天,于右任发现他家后院外经常有人小便,于是便从自己的书房里随意找出一张宣纸,写上"不可随处小便",贴在他家的院墙上以警示路人,但不一会儿,告示便不翼而飞。原来有人拿去经过剪裁、调整,装成"小处不可随便"的一帧条幅,于右任得知后惊叹不已,拍案叫绝。原来难登大雅之堂的六个字,经过重新组合后,竟能变成浑然一体、天衣无缝的警世格言。

资料来源:《大河报》,2018-10-22,《"小处不可随便"》。内容有删改。

任务一　组合创新法的内涵

组合是客观世界中十分普遍的现象,小至微观世界的原子分子,大至宇宙中的天体星系，到处都存在着形形色色的组合现象。在日常生活中，更有众多我们大家熟悉的组合，如组合贷款、组合音响、组合家具、组合文具等。以组合为基础的组合创新法，成为人们经常使用的主要创新方法，也是成功率较高的方法。这里所谓的组合，就是把多项貌似不相关的事物、思想或观念的部分或全部，通过想象加以联结，进行有机组合、变革重组，使之变成彼此不可分割的、新颖的、有价值的整体。

组合创新法是以两个或多个已有的技术、原理、形式、材料等要素为基础，按一定的规律或艺术形式进行组合，使之产生新的效用的创新思维方法。

巧妙的组合就是创新。在当今世界，属于首创、原创的创新成果很少，大多数创新成果都是采用组合类创新方法取得的。在组合创新时，组合只要合理有效，就是一项成功的创新。组合创新方法的特点是以组合为核心，把表面看来似乎不相关的事物，有机地结合在一起，合而为一，从而产生意想不到、奇妙新颖的创新成果。组合创新的最基本要求是整体的各组成事物之间必须按一定的规律建立某种紧密关系。一堆砖头放在一起只是一堆砖，只能算作杂乱堆放的混合物。若是按照一定的规律砌起来，就能组合成一座建筑物。也就是说，不能产生有价值的新生事物的胡乱拼凑与混合称不上组合。

爱因斯坦于1929年在《发明家》杂志创刊号中说："我认为，一个为了更经济地满足人类的需要而找出已知装备的新的组合的人就是发明家。"如今是一个以网络为主要载体、以各种传媒融合为主要特征的时代，信息瞬息万变，组合在创新中的地位就显得更为重要了。就产品开发而言，可将产品看成若干模块的有机组合，只要按照一定的工作原理和逻辑关系，选择不同的模块或不同的方式进行组合（或称为集成），便可获得多种有价值的设计方案。

在运用组合创新法时要注意以下问题：一是组合要有选择性。世界上的事物成千上万，不加选择地对其加以组合是不可能的，应该选择适当的物品进行组合，不能勉强凑合。二是组合要有实用性。组合要能提高效益、增加功能，使事物相互补充，取长补短，和谐一致。如将普通卷笔刀、盛屑盒、橡皮、毛刷组合起来的多功能卷笔刀，不仅能削铅笔，还可以盛废屑、擦掉铅笔写错的字、照镜子,大大增加了卷笔刀的功能,实用性很强。三是组合应具创新性。通过组合要使产品内部协调,互相补充,互相适应,更加先进。组合必须具有突出的实质性特点和显著的进步,这样才具备创新性。

案例4-1

瑞士军刀

被世界各国视为珍品的瑞士军刀,被认为是迄今为止最经典的组合。其中被称为"瑞士冠军"的款式最为难得,它由大刀、小刀、木塞拔、螺丝刀、开瓶器、电线剥皮器、钻孔锥、剪刀、钩子、木锯、刮鱼鳞器、凿子、钳子、放大镜、圆珠笔等31种工具组合而成。携带一把刀等于带了一个工具箱,但它的整件长度只有9厘米,质量不足20克,完美得令人难以置信。

后来,瑞士军刀的生产商在国际消费电子展上推出了一款数字版的瑞士军刀,这把军刀集成了一个32 GB的U盘,并整合了指纹识别认证功能。除此之外,它还集成了蓝牙模块,在连接计算机后,用户可利用刀身上的两个按钮来控制幻灯片播放,并附带了一个演讲中常用的激光灯。当然,作为一把瑞士军刀,它依旧配备了主刀、指甲刀、螺丝刀、剪刀等工具。

资料来源:https://www.lddoc.cn/p-2685345.html。内容有删改。

组合的一般规律是组合体在功能上应该是1+1≥2,在结构上应该是1+1≤2。在进行组合创新时,一般可从以下四个方面入手:一是将不同的功能组合在一起而产生新的功能。如将台灯与闹钟组合成定时台灯,将奶瓶与温度计组合成感温奶瓶等。二是将两种不同功能的东西组合在一起,增加使用的方便性。三是将小东西放进大东西里面,不增加其体积,如将圆珠笔放进拉杆式教鞭里形成两用教鞭。四是利用词组的组合产生新产品,如将"微型"与系列名词组合可以得到微型车、微型灯、微型电视、微型计算机。

练一练

1. 设想矿泉水瓶与其他事物组合能够产生何种新发明。

2. 设想鞋子与其他事物组合能够有何新用途。

任务二　常用的组合创新法

组合创新的方法有多种形式。根据参与组合要素的性质、内容、主次及组合手段的不同，可分为同类组合、异类组合、主体附加组合、重构组合、技术组合、信息交合等多种类型。下面对常用的几种组合创新法进行介绍。

一、同类组合创新法

同类组合也称同物组合，就是将两种或以上的相同或相近事物的组合。如双层公共汽车、情侣伞、情侣衫、双色笔或多色笔、子母灯、霓虹灯、双层文具盒、多级火箭、多人单车、双体船、多层蒸锅等。同类组合只是通过数量的变化（就像"搭积木"一样）来增加新事物的功能，它使同类产品既能保留自身的性质和结构，又相互契合，紧密联系，通过数量变化来弥补功能的不足或得到新的功能，以满足人们的特殊需要。同类组合的模式是 $a+a=N$。简单的事物可以自组，复杂的事物也可以自组。同类组合的方法很简单，却很实用，将其应用于工业和生活产品的创新中，常常可以产生意想不到的效果。

任何事物似乎都可以自组，设计难度不大，技术含量较低，但自组后的效果却相差甚远，其关键是选择哪些事物进行自组能产生新的价值。在进行同类组合时，我们要多观察那些单独存在的事物，设想单独的事物成双成对之后，其功能是否能够得到更好的发挥，或者带来新的功能。

案例 4-2

组合订书机

用订书机装订书、本、文件时，常常要订两三个钉，需要按压订书机两三次。钉距、钉与纸的三个边距全凭肉眼定位，装订尺寸不统一，质量差，工效低。有人运用同类组合的方法，将两个相同规格的订书机设计到一起，通过控制和调节中间距离，就可以适应不同装订要求，每按压一次，既可以同时订出两个钉，也可以只订出一个钉，钉距还可以根据需要进行调节，这样的订书机既保证了装订质量，又提高了效率。

资料来源：陈爱玲，《创新潜能开发实用教程》。内容有删改。

在同类组合中，参与组合的对象一般是两个或两个以上的相同或相近事物，组合后与组合前相比，参与组合的对象，其基本原理和基本结构一般没有发生根本性的变化。因此，同类组合是在保持事物原有功能或原有意义的前提下，通过数量的增加以弥补功能的不足或获取新的功能和意义，而这种新功能和新意义是事物单独存在时所不具有的。

二、异类组合创新法

异类组合是指将两种或两种以上的不同领域的无主次之分的事物、思想或观念进行组合，产生有价值的新整体。异类组合的模式是 $a+b=N$。例如，维生素、糖果两者都是客观存在的事物，但将二者融合，摇身变成维生素糖果；狮身人面像是古埃及文明的遗迹，是"狮身"与"人面"的组合；冷暖空调是夏季制冷机与冬季取暖器的组合；而电吹风与熨斗组合成电吹风熨斗。

异类组合有以下特点：一是被组合的事物来自不同的方面、领域，它们之间一般无明显的主次关系；二是在组合过程中，参与组合的事物从意义、原理、构造、成分、功能等方面可以互补和相互渗透，产生 $1+1>2$ 的价值，整体变化显著；三是异类组合实质上是一种异类求同，因此创新性较强。异类组合的基本原则是功能做加法，体形做减法，方便使用，节省时间、空间或费用。

案例 4-3

坦克的发明

第一次世界大战爆发时，有一个叫斯文顿的英国记者随军去前线采访。当他亲眼看见英法联军向德军的阵地发动攻击，牢牢守着阵地的德国士兵用密集的排枪将进攻的英法士兵成片射倒时，感到非常痛心。他清醒地意识到，身体是挡不住子弹的，苦思冥想之后，他向指挥官们建议，用铁皮将福斯特公司生产的履带式拖拉机"包装"起来，留出适当的枪眼让士兵射击，然后让士兵乘坐它冲向敌军。他的建议很快被采纳，履带式拖拉机穿上装甲之后径直冲向敌人，英法士兵的伤亡大大减少，德国兵败如山倒。坦克就这样诞生了，它为英法联军战胜德军立下了汗马功劳，成为第一次世界大战中最有影响的发明。显然，坦克就是"履带车＋装甲车＋火炮"的异类组合。

资料来源：https://zhidao.baidu.com/question/2057545332605677747.html。内容有删改。

三、主体附加组合法

主体附加组合法又称添加法、主体内插法，是指以某一特定的事物为主体，通过补充、置换或插入新的事物而得到新的有价值的整体。例如，最初的洗衣机只有洗衣功能，在增加了喷淋、甩干装置后，洗衣机有了漂洗和甩干功能；电风扇最初也只有简单的吹风功能，后来逐渐增加了控制摇头、定时、变换风量等装置，成为今天的样子；手机最初叫"大哥大"，只有通话的功能，现在附加了短信、上网、照相等多种功能；在自行车上安装里程表、挡雨板、小孩座椅，可使之用途更广。

在主体附加组合中，主体事物的性能基本上保持不变，附加物只是对主体起补充、完善或充分利用主体功能的作用。附加物可以是已有的事物，也可以是专为主体设计的附加事物。例如，在文化衫上印上旅游景点的标志和名字，就变成了具有纪念意义的旅游商品。同样，一本著作有了作者的亲笔签名，其意义也会不同。主体附加组合有时非常简单，人们只要稍加动脑和动手就能实现，只要附加物选择得当，同样可以产生巨大的效益。

在运用主体附加组合时，首先要确定主体附加的目的，可以先全面分析主体的缺点，然后围绕这些缺点提出解决方案，再通过增加附属物来达到改善主体功能的目的。其次，根据附加目的确定附加物。主体附加组合的创新性在很大程度上取决于对附加物的选择是否别开生面，是否能够使主体产生新的功能和价值，以增强其实用性，从而增强其竞争力。

在运用主体附加组合时需注意以下问题：一是主体不变或变化不大，

即原有的事物、技术、思想等基本保持不变;二是附加物只是起到补充完善主体功能的作用,不会导致主体功能大的变化;三是附加物可以是已有的事物,也可以是根据主体的情况专门设计的新事物;四是附加物都是为主体服务的,用于弥补主体的不足。因此,在运用主体附加组合时应该全面考虑,权衡利弊,否则会事与愿违,费力不讨好。

四、重构组合法

重构组合简称重组,是指在同一个事物的不同层次上分解原来的事物或组合,然后再以新的方式重新组合起来。重构组合只改变事物内部各组成部分之间的相互位置,从而优化事物的性能,它是在同一事物上施行的,一般不增加新的内容。任何事物都可以看作由若干要素构成的整体,各组成要素之间的有序结合是确保事物整体功能和性能实现的必要条件。有目的地改变事物内部结构要素的次序,并按照新的方式进行重构,以促使事物的功能发生变革,这就是重构组合。

重构组合创新法就是把各种事物进行解构和重组,从而催生新物,产生新意。这种组合创新已被人们广泛运用,如传统玩具中的七巧板、积木,现在流行的拼板、变形金刚等,就是通过一些固定板块、构件的重新组合,创造出千姿百态、形态各异的奇妙事物。组合玩具很受欢迎,就是因为不同的组合方式可以得到不同的模型。重构组合作为一种创新手段,可以有效地挖掘和发挥现有事物的潜力,如企业的资产重组、生物工程中的基因重组、智能控制系统中的功能模块重组等。重构组合有三个特点:一是重构组合是在一件事物上施行的;二是在重构组合过程中,一般不增加新的东西;三是重构组合主要是改变事物各组成部分之间的相互关系。在进行重构组合时,首先要分析研究对象的现有结构特点;其次要列举现有结构的缺点,考虑能否通过重组克服这些缺点;最后确定选择什么样的重组方式,包括变位重构、变形重构、模块重构等。

案例 4-4

电影剪辑中的重构

现有以下三个镜头:①一个人在笑;②枪口对准了他;③他一脸恐惧。

按上述顺序放映，观众看到的将是一个懦夫的形象。将三个镜头重组，如果按照②、③、①的顺序放映，观众看到的将是有人在开一场玩笑；如果按照③、②、①的顺序重组，观众看到的将是一个视死如归的勇士。

资料来源：https://www.lddoc.cn/p-2685345.html。内容有删改。

五、技术组合法

技术组合法是指将现有的不同技术、工艺、设备等技术要素进行选择集成和优化，形成优势互补的有机整体的动态创新过程。技术组合法是自主创新的一个重要内容，它通过把各个已有的技术单项有机地组合起来、融会贯通，集成一种新产品或新的生产工艺。如超声波灭菌法与激光灭菌法组合，利用声光效应，几乎能杀灭水中的全部细菌。现代科学技术突飞猛进，边缘学科不断兴起，各种科学技术你中有我，我中有你，呈现出一种综合化的趋势。研究表明，任何一项创新，包括根本性的重大创新，都不可能完全脱离现有的技术，都会尽可能多地利用已有的或成熟的技术成就。

案例 4-5

阿波罗登月计划

1969年7月16日，美国的阿波罗宇宙飞船点火升空，经77小时的飞行到达月球，飞船指挥长尼尔·阿姆斯特朗离开登月舱，踏上月球。他说："这是我个人的一小步，却是人类迈出的一大步。"为了实现阿波罗登月计划，飞船的全部构件有300多万个，调动了2万多家企业、120多所大学实验室超过42万名的研究人员，历经多年，才把3名宇航员送到月球并成功返回地球。其成功的关键是什么呢？美国阿波罗登月计划总指挥韦伯曾经说过："阿波罗计划中没有一项新发明的技术，都是现成的技术，关键在于综合技术组合。"

资料来源：https://wenku.baidu.com/view/a34c0ad5a417866fb94a8e04.html。内容有删改。

技术组合法可分为聚焦组合法和辐射组合法。

聚焦组合法指以待解决的问题为中心，在已有成熟技术中广泛寻求与待解决问题相关的各种技术手段，最终形成一套或多套解决问题的技术综合方案。如为提升船体建造效率,通过钢结构技术、焊接技术、成型技术、切割技术、新材料技术、防腐技术、分段拼接技术等的聚焦,就可形成多种以提升船体建造效率和质量为目的的创新方案。

在运用聚焦组合法时要注意寻求技术手段的广泛性,尽可能将与解决问题有关的技术手段包括在聚焦范围内,不漏掉每一种可能的选择,因为只有这样才可能组合出最佳的技术方案。

辐射组合法指从某种新的技术、工艺、原理出发,广泛寻求各种可能的应用领域。将新的技术手段与其他领域的现有技术组合,以求形成适用的应用技术。应用这种方法可使一种新技术、新工艺或原理在形成后得以迅速地被广泛应用。以超声波技术为核心,应用辐射组合可形成多种应用。

六、信息交合法

信息交合法是我国许国泰于1983年首创的。它是把若干种信息排列在各自的线性轴标上,对其进行交合,形成"信息反应场",每一轴标上的各信息依次与另一轴标各点上的信息交合,从而产生新的组合信息。信息交合法的实质就是将现有事物进行分解,然后借助于辐射状的标线重新组合成新事物,是一种通过信息交合进行创新的方法。

信息交合法,又可以称为"魔球法"或"信息反应场法"。所谓"魔球",是指由多维信息组成的全方位信息反应场,其中包含三个要素:信息、信息标和信息反应场。信息标是指用来串联信息要素的一条指向线段。在运用信息交合法时,人们可将一个信息设定为一个要素,同一类型或同一系统的信息可按要素展开,然后依照信息展开的顺序用指向线段连接起来,以帮助人们进行信息交合。信息交合法的基本内容可以表述为"一切创造活动都是信息的运算、交合、复制和繁殖的活动"。

就本质而言,人的思维过程是一个动态过程,也是一个有向过程。因此,引进信息标概念,不仅有利于人们进行科学思考,还有利于人们进行有序联想,可以使信息群的展开更具有系列性、层次性、逻辑性和完整性。

信息反应场就是信息交合进行"反应"的场所。从本质上进行分析,任何新产品都是信息交合的产物。要想获得科学研究的成果，就必须进行信息交合。为实现这一目标，应提供一个可使信息在一起发生"反应"的场所，这个场所就是信息反应场。信息反应场最少应由两维信息标相连而成，信息交合过程越复杂，所需要的信息标就越多。因此，为了构思结构复杂或功能完备的系统，可以多设置几个相互联系的信息标，为信息交合创造条件。

（一）信息交合法的公理

公理一：不同信息的交合，可以产生新信息。

公理二：不同联系的交合，可以产生新联系。

这两个公理告诉我们，世界万物是相互联系的，信息是事物间本质属性及联系的印记。在联系的相互作用中，不断产生着新信息、新联系。人类认识事物，必须而且只能通过信息才能实现。

（二）信息增殖现象

（1）自体增殖指信息的复制现象，如录音、录像、复写、复印、基因复制等。

（2）异体增殖指不同质的信息交合导致新信息产生的现象。新产生的信息成为子信息，产生子信息的信息被称为父本信息和母本信息。如"钢笔"为母本信息，"望远镜"为父本信息，两者交合，即产生子信息"钢笔式单桶望远镜"；"沙发"为父本信息，"床"为母本信息，相交合后，产生子信息"沙发床"。

（三）信息交合法的定理

定理一：心理世界的构象即为人脑中勾勒的映象，由信息和联系组成。

不同信息相互联系可产生构象。如轮子与喇叭是两个不同的信息，但交合在一起组成了汽车，轮子可行走，喇叭则可发出声音以示警告。

相同信息相互联系也可产生构象。如同样是"灯"，可吊、可挂、可随身携带（手电），也可制成无影灯。

定理二：新信息、新联系在相互作用中产生。

没有相互作用，就不能产生新信息和新联系，因此相互作用是中介。在一定的条件下，任何信息和任何联系之间都能发生不同程度的相互作用。如钢笔与枪本是不同的信息,但是在战争范畴内,两者可以交合,于是有了"钢笔式手枪"的问世。

定理三:具体的信息和联系均有区域性,也就是有特定的范围和相对的区域与界限。

任何具体的事物都在一定的时空范围内活动。人的局限性、地区的局限性、人们认识与思维的局限性等都是客观存在的,信息交合法的应用也只能局限在研究心理信息运演的范围之内。

许国泰着重指出,信息交合法作为一种科学实用的创新方法,对其运用不是随心所欲,瞎拼乱凑,而是要遵循以下原则:

(1) 整体分解原则。先把对象及其相关条件整体加以分解,按序列得出要素。

(2) 信息交合原则。以一个信息标上的要素信息为父本,以另一个信息标上的要素信息为母本,相交合后可产生新信息。各个信息标上的每个要素都要逐一与另一信息标上的各个要素相交合。

(3) 结晶筛选原则。通过对方案的筛选,以求找出更好的方案。如果研究的是新产品开发问题,那么在筛选时应注意新产品的实用性、经济性、易生产性、市场可接受性等。

信息交合法是一种运用信息概念和灵活的手法进行多渠道、多层次的推测、想象和创新的方法。应用它进行创新,能将某些看起来孤立、零散的信息,通过相似、接近、因果、对比等联想手段,将信息交合成一项新的概括,它有着自己独特的特点,并具有系统性和实用性。

(四) 信息交合法的实施

第一步,确定一个中心,即零坐标(原点)。

第二步,给出若干标线(信息标),即串联起来的信息序列。

第三步,在信息标上注明有关信息点。

第四步,若干信息标形成信息反应场,信息在信息反应场中交合,引出新信息。

下面区分一些不同的情形,讨论具体的实施方法。

(1) 单信息标的情形。先列举有关信息,然后用一条标线将它们串联起来,形成一个信息标。为了形成信息反应场,从每一个信息处引出两条信息射线,这些信息射线两两相交时会得到许多交点。最后,分析这些交点,列出可能的组合信息。

(2)双信息标的情形。在提出新设想的过程中,当涉及的信息类型较多,用一个信息标不足以反映时,可以增加信息标。两个信息标相交可以形成一个坐标系,这时只需从每个信息处引一条信息射线出来即可进行交合了。分析信息射线的交点,列出可能的组合信息。这些信息可以在图上标出,如"×"表示不能组合出信息,"○"表示可能组合的信息,"△"表示已有该种组合信息。

(3)多信息标的情形。以双信息标的实施方法为核心,可将信息从二维标发展为多维,通过多信息标的两两交合来产生新信息。

七、其他组合类创新方法

(一)焦点法

焦点法是美国公司创立的一种创新方法,它以要解决的问题为焦点事物,选择几个偶然事物,将它们作为刺激物,通过焦点事物与偶然事物的组合,获得新设想、新方案。这种创新方法既以组合为基础,又充分运用了联想机制,简单易学,富有想象力。应用这种方法,能在较短时间内获得较多的新颖构思。

1. 焦点法的基本原理

焦点法是以一预定事物为中心和焦点,依次与罗列的各事物构成联想点,寻求组合创新的方法。这一方法与任选两个事物进行组合不同,它是指定一个事物,任选另一个事物。也就是说,焦点法是就特定的事物寻求各种创新构思的方法,从而使产生的创新设想更加具体化。

自然界的一些现象看上去似乎与我们要解决的问题并不相关,但是如果将它们联系组合起来,往往可以激发出许多耐人寻味、不同寻常的见解,有助于把我们从困境中解脱出来。一片草叶与一把菜刀有什么联系,能带给我们创新设想吗?要设计一种新式菜刀,能从一片草叶身上得到什么启发?草叶呈墨绿色,有根须,雨水落在上面就会滚下(不透水)。草有颜色,或许能够启发我们设计一把彩色菜刀。草有根须,或许能够启发我们设计刀架、钩扣或皮带连在菜刀上,使菜刀"植根"于厨房这片

"沃土"。水珠总是从草叶上滚落这一属性,启发我们将刀面抛光镀铬,使之防水防锈。

2. 焦点法的实施步骤

第一步,选择焦点事物,确定目标。焦点就是希望创新的事物,或者是准备推出的思想、技术,将其填入中心圆圈内。

第二步,随意挑选若干个与焦点事物不相关的事物或技术。选择与焦点事物无关的偶然事物的要点是:可以从多角度、多方面罗列,尽量避免寻找与焦点事物相近的东西,甚至可借助购物指南、技术手册等随机摘录。将所选的偶然事物的内容逐一填入环绕焦点周围的小圆圈内。

第三步,列举偶然事物的特征,将中心圆的焦点事物与周围小圆圈中的偶然事物的特征一一组合,得到多种组合方案。

第四步,充分运用想象,对每种组合提出创新设想。

第五步,评价所有的创新设想方案,筛选出新颖实用的最佳方案。

(二)一对关联法

一对关联法就是把不同性质的信息组合在一起,并加以综合的思维过程。其要点在于,首先选择两个要素(人、物或自然现象),对它们进行各种自由的联想。接着,依次把联想到的若干项目组合在一起,从中得出与设想有关的启示或获得茅塞顿开的效果。

练一练

1. 组合创新有同类组合、异类组合、主体附加组合、重构组合、技术组合、信息交合等多种方法,请指出下列运用了何种组合创新方法。

(1)印有标签的苹果。(　　)

(2)多层蒸锅。(　　)

(3)多功能小吃车。(　　)

(4)中西医结合治疗法。(　　)

(5)变形金刚。(　　)

(6)沙发书柜。(　　)

2. 同类组合训练:成双成对当"红娘"。

第一步,请同学们观察并寻找在我们周围哪些事物是单独的或处于单独运用的状态。

第二步，主持人选取 5 种单独事物，写在黑板上。

第三步，请同学们分组讨论，将这些原来单独或单独使用的事物进行自组，分析进行同类组合后能否产生新的功能意义或有新的价值。

第四步，组织各组同学汇报组合成果。

3. 主体附加组合创新训练。

第一步，主持人给出类似于梳子、水杯、桌子、手机、黑板等事物。

第二步，主持人要求同学分组讨论，在保留这些事物主体功能不变的情况下，加上其他附加物，以扩大其功能，把结果制成表格，填写自己的创新设想。

第三步，主持人组织学生汇报组合成果。

4. 信息交合法创新训练。

第一步，用信息交合法，提出一种新的垃圾桶的设计方案。

第二步，请同学们实施信息交合法：①定中心（确定 1 个中心，即垃圾桶）；②画标线（要求标线 2～3 条）；③注标点（在信息标上注明有关信息点 5～8 个，并写下来）。

第三步，分组汇报第二步完成后的结果。评选出最佳成果 3～5 项，并将信息交合图画在黑板上。

第四步，每组选取 1 张最佳信息交合图，进行信息交合，并选出最佳垃圾桶设计方案 1～3 项。

第五步，各组择优汇报各自的垃圾桶创新方案，要求至少汇报 1 项。主持人组织全班同学评选最佳垃圾桶设计方案 2～3 项。每人从中选取自己最喜欢的一项，然后书写"新式垃圾桶创新设计方案"。

项目五　设问类创新方法

学习目标

1. 掌握5W1H法及其操作步骤和应用。
2. 掌握奥斯本检核表法。
3. 掌握头脑风暴法。
4. 掌握和田十二法。

引导案例

智能输液监控系统

对于输液，不同的药物溶液和不同年龄的患者有不同的滴速要求，因为滴液速度很有可能会影响治疗效果。在输液过程中，如果需要更换输液，若更换不及时，空气便会进入血管从而危及患者的生命，发生安全事故。针对这些问题，设计一套医用智能输液监控系统，不仅可以实现精确控制药液滴落的速度，还可通过液晶显示屏清晰地显示输液容量以及药液滴落的时间。当输液系统的药液几乎耗尽时，系统将报警以提醒医务人员。

资料来源：董莎莉，《基于服务与体验的智能输液监控系统设计研究》。内容有删改。

根据上例，可知设问类创新方法是应用设问和发散等思维方法，针对待解决的共性问题，列出提纲式的表格，然后逐条进行检查、设问、讨论、核对和分析，从中获得发明创造的启示，进而获得解决问题的技法。

我们从不同角度进行设问和思维变换，借助各种思维技巧抓住事物具有普遍意义的方面，对其进行提问。问题提得好，就等于找到了解决问题的突破口。设问法的作用在于提供各种各样可选择的因素,正确选择问题是关键,选择结果越准确越有价值。

设问方法简单易行,能防止思考疏漏,有利于打破旧框框束缚,产生大量发明方案,便于各种类型和各种场合的发明创造活动。其中,奥斯本检核表法比较典型,享有"创造技法之母"的美称。本项目主要介绍5W1H法、奥斯本检核表法、头脑风暴法以及和田十二法。

任务一 5W1H法

一、什么是5W1H法

5W1H法是由美国陆军首创的一种创造方法,它通过规定的设问来发现问题,从而找出解决问题的方法。目前已广泛应用于改进工作、改善管理、技术开发、价值分析等方面。5W1H从六个方面提出问题进行思考分析,适用于对问题的发掘、思考和有目的地解决。5W1H由六个提问组成:为什么(why)、是什么(what)、谁(who)、何时(when)、何处(where)和怎样(how)。六个问题形成了解决问题的三部曲:从六个角度对创新对象进行提问,首先检查其合理性,然后列出发现的难点疑点并讨论分析,最后寻找改进措施。如果现行的方法或产品通过了六个问题的审核,并且无懈可击,那么此方法或产品可取;如果六个问题中有一项不能令人满意,那么此方法或产品还需进一步改善;如果哪方面的答复具有独到的优点,那么应该巧妙地加以灵活运用,将此优点充分发挥。针对欲解决的目标不同,这六个方面发问的具体内容也各不相同。

(1)为什么(why)。为什么需要?为什么不用机械代替人力?为什么非做不可?为什么制造这种产品要经过这么多环节?为什么要创新?原事物为什么用这个原理?为什么要做成这样的形状、大小、造型、结构、功能、颜色?为什么会发生这样的事?为什么会出现这样的结果?

(2)是什么(what)。是什么发现?是什么产品?是什么方法?是什么材料？是什么样的生产方法？是什么样的商标？目的是什么？重点是什么？功能是什么？规范是什么？

（3）谁（who）。谁是设计者？谁是生产者？谁是消费者？谁是销售者？谁来办事方便？谁赞成？谁反对？谁来承担？谁被忽视了？

（4）何时（when）。何时研究？何时实施？何时完成？何时安装？何时销售？何时付款？何时交货？何时是期限？何时最佳？何时产量最高？

（5）何处（where）。何处研究？何处试验？何处生产？何处安装？何处有资源？何处推广？何处改进？何处最适宜？何处最节省？何处最昂贵？

（6）怎样（how）。怎样做省力？怎样速度快？怎样做最好？怎样做效率最高？怎样改进？怎样实施？怎样最方便？怎样更美观？怎样避免失败？怎样增加销路？

在5W1H的基础上，有学者还提出了5W2H法和6W2H法。5W2H法是在5W1H的基础上加上"多少"（how many或how much），进一步从量上对问题的规模、程度、速度、范围等提出进一步的追问，从而把问题阐述得更为清楚、精确。

我国教育学家陶行知先生提出的是6W2H法，他把这种提问模式叫作教人聪明的"八大贤人"。为此他写了一首小诗："我有几位好朋友，曾把万事指导我，你若想问真姓名，名字不同都姓何：何事、何故、何人、何如、何时、何地、何去，还有一个西洋名，姓名颠倒叫几何。若向八贤常请教，虽是笨人不会错。"归纳一下，就是在5W1H基础上，加上"多少"（how many或how much），以及"目标"（which）。不管是5W2H法还是6W2H法，其基本原理都是根据5W1H法演化而来。

案例5-1

会计失真的5W1H法

What——事件：什么是会计信息失真？所谓会计信息失真，就是会计核算的依据不真实或反映的财务状况和经营成果虚假，不符合实际情况。信息失真可以分为三类：第一类，财务报告完全是假的，就是骗，无中生有，恶意编造，根本不顾任何道德和法律；第二类是操纵，利用信息不对称和财务技能的优势，内外串通，共同作弊，对信息进行歪曲和粉饰；第三类是由于会计人员素质上的局限性而导致的技术性失真，通常表现为会计报表编制错误，前后不一致。

Who——人物：谁使会计信息失真？参与会计信息失真活动的经济主体主要有两类人：一类是企业的所有者和经营管理者，他们是会计造假的决策者和指挥者，也是会计造假的需求者，一般是主动的造假主体；另一类是会计从业人员，他们是会计造假的具体操作或实施者，也是会计造假的供给者，他们迫于环境压力，一般是被动的造假主体。

Where——地点：会计信息失真体现在哪里？毫无疑问，对外公布的会计报表是会计信息失真集中体现的地方。通常，会计报表是企业经营业绩、资产负债状况、现金流入流出情况等各方面经营活动的综合反映，其真实性和可靠性直接关系到投资者的利益和影响政府监管部门的行为。

Why——原因：为什么造假？因为受经济利益与政治利益驱动。不同的经济人对会计造假有不同的利益动机。企业经营者可通过造假获得诸如融资、获利等好处；企业主管部门、地方政府和管理机构的官员则可以稳定市场、获得政绩；投资者也可能从中获得短期收益。殊不知，受局部利益驱动而支持或默认企业造假，会使监督措施失效，"劣币驱逐良币"效应不断被放大，最终到达不可收拾的境地。

How——防范：如何防范会计信息失真？会计信息失真是社会问题，但可以设置"安全网""防火墙"。防范手段是控制造假的经济根源，即降低造假给供求双方带来的预期收益，提高造假给供求双方带来的预期成本，以抑制造假趋利的内在冲动。具体思路可从两个方面入手。第一，降低收益。措施有：理顺信息传递渠道，充分利用现代信息技术，建立科学的公司治理结构和组织管理机制，强化企业内部管理与内部控制的科学化和有效性。同时，要完善绩效考核及用人制度。第二，提高成本。措施有：加强市场环境和市场秩序的治理和整顿，强化刚性法律法规的"硬约束"。建立行之有效的市场经济运行机制、管理制度和约束体系，完善会计人员管理体制和监督机制，引入民事赔偿机制和相应的民事诉讼机制，加大惩罚力度。

When——时间：会计信息失真何时才能得到根治？根治会计信息失

项目五　设问类创新方法

真已是刻不容缓，但会计信息失真得到根治却绝非一朝一夕之功，这取决于多方面的因素，如社会诚信体系的建设，社会主义市场经济体制特别是财政管理体制的完善，财政经济秩序的根本好转，以及会计工作法制化、制度化和规范化的程度等。

资料来源：肖军，《会计信息失真的"5W1H"》。内容有删改。

二、操作步骤

要抓住事物的主要特征，视具体问题性质的不同，设置不同内容的设问检查。

第一步，对某一种现行事物或产品，从六个角度进行检查提问。为使内容简洁明晰，可把序号、提问项目、提问内容、情况原因和发明方案等列成表格，将六个设问逐一填写。

第二步，对六个方面提问逐一审核，将发现的疑点、难点一一列出。

第三步，讨论分析，寻找改进措施。这六个设问彼此联系、相辅相成，应根据原因综合考虑，抓住主要矛盾，提出新的发明方案。

经六个方面审核无懈可击，说明该事物或产品可行；若其中有某些点的答复有问题，则表明应加以改进；如果某方面的答复有独到之处，则应借此扩大其效用。

三、5W1H法的应用

如何用5W1H法来帮助我们解决问题呢？下面，我们通过校园小吃窗口生意冷淡问题的解决来做探讨。某学校食堂二楼开设了很多小吃窗口。虽然很多学生来食堂，但小吃窗口门庭冷落，生意惨淡。

1. 分析问题

Why——为什么开小吃窗口？为什么食堂供应小吃的窗口生意冷淡？为了赚钱及服务顾客。因为小卖部的顾客少，所以生意清淡。

What——小吃窗口提供些什么？经营什么品种？还可以经营些什么？目前主要供应小吃，如油炸食品、麻辣烫等。

Who——谁来买小吃？是否还有潜在的顾客？学生占多数，偶尔有教职工来，但很少。

When——食堂供应小吃的窗口什么时间营业？

早上、中午、晚上，以学生一日三餐时间为主。

Where——食堂供应小吃的窗口在哪儿？

在学校食堂二楼。

How——食堂供应小吃的窗口是如何经营的？

先把一些常见的食物做好，学生来了卖给学生。

2. 提出改善、解决问题方案

Why——想办法吸引更多的顾客，只有这样，才能赚更多的钱，也能真正体现服务顾客的目的。

What——供应的小吃品种太少，没有新颖性。解决办法：增加小吃的品种、翻新小吃的花样，提供丰富多样的食品，满足不同消费者的需要。如学生来自全国各地，增加地方特色小吃。

Who——教师们很多中午不回家，如果能吸引过来，也是不小的顾客群。发现周围的居民偶尔也来这里买小吃。考虑扩大顾客的范围，把老师和周围的居民也吸引过来。

When——营业时间不太人性化，准备延长营业时间。冬天早餐营业时间延长，因为有的顾客有睡懒觉的习惯。夏天晚上营业的时间延长，因为有的顾客有吃夜宵的习惯。另外，可在一些特别的节日提供有特色的小吃，如端午的粽子、中秋的月饼等。

Where——供应小吃的窗口的地理位置不是很理想。位置在食堂二楼，有的顾客不知道，或者不愿意到二楼来用餐。如何吸引顾客上二楼就餐，把服务场所与顾客距离拉近，在不能改变客观位置的情况下，改变心理位置？具体做法是在食堂一楼醒目的位置做一些广告牌。广告牌颜色清新，并配有各种特色小吃的图片，使人一看就有食欲。

How——可以供应特色小吃，不同地域的小吃。供应的小吃要做到色香味美、干净卫生，小吃的品种要多，样式要新，满足人们不同的需求。为了吸引、方便顾客，还可提供外卖业务。

培养爱提问的好习惯，可使认识能力、解决问题的能力都得到切实的提高。如果能找到六个问题的答案，那么疑难问题便会不攻自破。

练一练

1. 用5W1H法进行分析。在各种新闻媒体当中,广播电台作为传统媒体,目前受到了前所未有的冲击,其市场占有率和广告份额有逐年下滑的趋势,请你帮助广播电台策划吸引听众的栏目。

2. 用5W1H法进行分析策划。一家公司既经营鲜牛奶又经营面包、蛋糕等食品,这家公司出售的牛奶质优价廉,每天都能在天亮以前将牛奶送到订户门前的小木箱内。牛奶的订户不断增多,公司盈利越来越多。而这家公司经营的面包、蛋糕等食品,虽然也质优价廉,但是由于门市部所在的地段较偏僻,来往的行人不多,营业额一直上不去。老板当然知道通过报纸和电台进行广告宣传是有作用的,但他同时也清楚,这要付出很大的代价,而且面包、蛋糕之类的食品,不同于一般大件商品,在报纸上或新闻媒体公布其名称、价格,是不容易引起消费者注意的。该公司老板从牛奶订户不断增多的事实中感到,这是一个很大的消费群体,对其进行宣传不仅能收到很大效果,而且能通过他们不断扩大影响。于是他认定,要为面包、蛋糕等食品做宣传,可以在牛奶订户上下功夫,这是一个可以从中挖掘出有效宣传广告形式和手段的重要源泉。请帮助该公司设计一个投资不大而又宣传效果极佳的推销面包、蛋糕的好方式,并说明理由。

任务二 奥斯本检核表法

奥斯本检核表法(checklist method)是以发明者奥斯本的名字命名,它针对需要解决的问题或需要创新设计的对象,从多方面列出一系列的有关问题,然后逐个地加以分析、讨论,从而确定出最好的设计方案。奥斯本检核表法的核心是改进,通过改进来进行创新。奥斯本检核表法是大量开发创新设想的一种简单易行的创新技法,适用于任何类型和任何场合的创新活动,因此有"创新技法之母"的美誉。它从九个角度出发,根据需要解决的带有共性的问题列出提纲式的表格,然后逐条进行检查、设问、讨论和核对,从中挑选一两条,集中精力深思,获得发明创造。奥斯本检核表法的特点是简单易行，减少疏漏，排除人们不善提问的心理障碍，引导人们用多向思维进行发散思考，突破旧的思维框架，开拓新的思路，产生大量原始思路和原始创意。

奥斯本检核表法的基本步骤是：首先选定一个要改进的产品、方案或问题；其次根据产品、方案或问题，从不同的角度提出一系列的问题，并由此产生大量的思路；最后根据提出的思路，进行筛选和进一步思考、完善。

奥斯本检核表法是改进型的创意产生方法，不是原创型的，它必须先选定一个有待改进的对象，在此基础上设法加以改进。若把一个产品的原理引入另一个领域，可产生原创型的创意。运用奥斯本检核表法时要注意以下四点：一是要和具体的知识经验相结合；二是此法只提示了思考的一般角度和思路，因此发展思路还要依靠人们的具体思考；三是要结合改进对象（方案或产品）来进行思考；四是可自行设计大量问题来提问，提出的问题越新颖，得到的想法就越有创意。

（1）能否加以改变？即现有事物可否调整原布局？可否调整既定程序、日程计划、规格、因果关系、型号、元件、部件、位置方式、目标、形状、颜色、声响、味道、意义、模具、运动形式等？这些改变将会产生意想不到的发明创造。如改变车身颜色可增加汽车美感；调整教室内壁和环境色彩可防治近视；钢笔尖上开个小口可使书写流畅；把漏斗下端变成方形，利于空气溢出，可使液体下流顺畅。

（2）能否作他用？这要求人们对现有事物的功能有所怀疑或思考。破除"功能固定论"，就有可能产生新的创意。如对现有东西，想一想是否有其他用途，或稍加改造后有无别的新用途。借助和参照现有东西，寻求新的用途，产生新的思路和产品。例如，保温瓶的瓶口扩大后可作为保温桶、保温杯；电吹风也可成为被褥烘干机。当人们将自己的想象投入这条广阔的"高速公路"上时，就会以丰富的想象力产生出更多的好设想。

（3）能否有更佳设想？即现有事物能否借用别的经验？能否模仿别的东西？过去有无类似的发明创造？能否将现有的发明成果引入其他创造性设想中？现有事物能否借鉴其他材料、元件、原理、方法、结构、工艺、动力、设备？这些将有助于使某一发明创造向广度和深度发展，形成系列的发明创新成果。例如，通过联想借鉴，用 X 光来治疗疾病、观察人体内部情况；引入微爆破技术消除肾结石；改进电灯光线波长，创出紫外线灯、红外线加热灯、灭菌灯。由此可见，科学技术的重大进步不仅表现在某些科学技术难题的突破上，也表现在科学技术成果的推广应用上。

（4）如何调整？即现有东西能否调整（如改变布局、型号、计划、规格、安排、更换程序等）、改变（如产品目的、颜色、声音、味道、形状、式样、品种等）？调整、改变后的效果又如何？例如，田忌赛马的故事；飞机螺旋桨由头部装到顶部使飞机成为直升机，放在尾部则使其成为喷气式飞机；汽车喇叭按钮由方向盘轴心移装到方向盘下的半个圆周上，手指按得方便；冰箱冷藏室和冷冻室位置调整；给面包裹上一层芳香的包装，提高嗅觉诱惑力；滚柱轴承改成滚珠轴承；手表的动力装置由涡卷弹簧改为电池、太阳能等。只要调整、改变得当，会产生不同寻常的创新。

（5）如何放大？巧妙运用"加法""乘法""再多一些"等方法，能给想象提供大量的构思设想，大大拓宽探索领域。针对某一现有事物，想一想能否扩大其使用范围，能否增加一些元素（如时间、长度、寿命、价值、强度、速度、数量、高度等）使其成为新产品。如在管理中融入感情，可沟通心灵，使氛围和谐融洽，提高团队合作精神；在产品中赋予感情，以情动人，备受欢迎；在两块玻璃间加些材料，制成一种防震、防碎、防弹的新型玻璃；在牙膏中加入药物，使其成为防蛀牙膏、防口臭牙膏等。

（6）如何缩小？对现有某些产品或工序，在不减少功能的基础上力求简化，想一想能否缩小、取消、分割、变薄、变小、减轻、压缩、分开、浓缩。如袖珍式收音机、微型计算机、折叠伞、折叠床等。

（7）如何用其他事物进行替代？想一想现有东西能否有代用品，能否用别的材料、方法、工艺、能源、动力等代替。如用液压传动来替代金属齿轮；利用太阳能、风能、地热能代替石油、煤炭等能源；海洋 1 公顷海藻加工后可得到 20 吨蛋白质、多种维生素及人体所需的矿物质；海洋"可耕"面积为陆地的 15 倍，可成为 21 世纪人类的第二粮仓。

案例 5-2

透水地面

城市容易在大暴雨后出现道路积水和内涝等灾情的重要原因是路面不透水。以环保技术见长的德国，把全国城市 90% 的路面改造成了透水路面。相比全硬化地面，透水路面能平衡城市生态系统。雨水由透水路面渗透入地，地下水位可以迅速回升。透水地面能通透"地气"，使地面冬暖夏凉，雨季透水，冬季化雪，可以增加城市居住的舒适度。另外，由于透水地面的孔隙多，地表面积大，对粉尘有较强的吸附力，减少了扬尘污染，也可降低噪声。

资料来源：陈爱玲，《创新潜能开发实用教程》。内容有删改。

（8）如何反向颠倒？想一想现有事物能否从相反方向来考虑，进行正反、上下、主次、位置、作用颠倒。反向思维可挑战习惯思维，在创造活动中颇为常见。例如，司马光砸缸救人是运用了逆向思维法；运用"颠倒"设想建造舰船，速度显著加快。事物总有正反两个方面，从相反的方向思考问题，通过对比可启发人的思路，萌发创造力。

（9）如何组合起来？想一想现有事物能否在原理、方案、材料、部件、形状、功能、目的等方面进行组合。例如，X 光技术和计算机技术组合，便是 CT 机；铅笔和橡皮组合成带橡皮铅笔；几种部件组合一起变成组合机床；几种金属组合一起变成性能不同的合金；几种材料组合一起制成复合材料；把几个企业组合在一起构成横向联合。当前，科学、技术、生产、管理都有一种从分到合、向整体出发的综合观念。世界上任何事物都是由较为初级简单的事物组合而成的，组合被认为是创造、创新的源泉。

奥斯本检核表每一项都有极为丰富的内容。就如何调整而论，调整和改变的对象包罗万象，原理、功能、材料、方法、形状、颜色、整体、部分等，都不妨改变一下。就"如何放大"而论，仅指放大体积吗？难道功能和别的就不能放大吗？因此，运用时要把既有事物或产品、设想等待定对象与奥斯本检核表中的项目一一核对。要充分运用想象力和联想力，考虑问题要从多种角度出发，不要受习惯思维的影响；要从问题的多个方面去思考，视野要宽，思路要活，不要把视线固定在个别问题或个别方面。这样思考问题对创新来说才有启发意义。

案例 5-3

某企业为降低成本而进行的奥斯本检核表法训练

检核内容如下：

（1）能否节约原料？最好是既不改变工作，又能节约原料。

（2）在生产操作中有没有由于它的存在而带来干扰的东西？

（3）能否回收和最有效地利用不合格的原料、在操作中产生的废品？能否使之变成其他种类具有商业价值的产品？

（4）生产产品所用的零件能否购用市场上销售的规格品，并将其编入本公司生产工序？

（5）将采用自动化而节约的人工费和手工操作进行比较，其利害得失如何？若进行长期预测，结果又将如何？

（6）生产产品所用的原料可否用其他适合的材料代替？如何代替？商品的价格将如何？产品性能改善情况怎样？性能与价格有何关系？能否把金属改换成塑料？

（7）产品设计能否简化？从性能上看有无加工过度之处？有无产品外表看不到而实际上做了不必要加工的地方？这时，首先要从性能着眼，考虑必要而充分的性能条件，其次再考虑商品价格、式样等。

（8）零件是从外部订购，还是公司自制合适？要充分考虑工厂的环境再做出有数量根据的判断，从而能在大家都认为理所当然的事情中发现意外的错误。

（9）查看一下商品组成部分的强度计算，然后考虑能否进一步节约材料。

资料来源：杨哲、张润昊，《创新思维与能力开发》。内容有删改。

练一练

1．利用检核表法思考超市购物车的改进方法。

表5-1　超市购物车改进检核

序号	检核项目	新产品名称	设想要点
1	能否他用		
2	能否借用		
3	能否改变		
4	能否扩大		
5	能否缩小		
6	能否代用		
7	能否调整		
8	能否颠倒		
9	能否组合		

2. 运用检核表法提出创造新设想。

表5-2　创造新设想检核

检核项目	物品（技术、方法、原理、结构等）	创造性设想
能否他用	光触媒技术	
	充气膨胀	
	定时器	
	太阳能热水技术	
能否借用	鼠标	
	闹钟	
	电风扇	
	晴雨伞	

续表 5-2

检核项目	物品（技术、方法、原理、结构等）	创造性设想
能否改变	电暖气	
	订书器	
	跳绳	
	餐桌	
能否扩大	圆珠笔	
	自行车	
	路灯	
	围墙	
能否缩小	洗衣机	
	垃圾箱	
	插座	
	信用卡	
能否代用	玻璃窗	
	键盘	
	羽绒服	
	创可贴	
能否调整	组合家具	
	公共汽车候车亭	
	座椅	
	喷墨打印机	

续表 5-2

检核项目	物品（技术、方法、原理、结构等）	创造性设想
能否颠倒	矿泉水瓶	
	手机	
	水龙头	
	电风扇	
能否组合	学习桌	
	电视遥控器	
	行李箱	
	滑板车	

任务三 头脑风暴法

头脑风暴法是由奥斯本于1939年首次提出的，并于1953年在《应用想象》一书中正式发表了这种激发创造性思维的方法。

头脑风暴法也称为智力激励法或自由思考法，通常指一群人开动脑筋，进行自由的创造性思考与联想，并各抒己见，在短暂的时间内提出解决问题的大量构想的一种方法。这种方法是当今最负盛名的，同时也可以说是最具实用性的一种集体创造性的解决问题的方法，与会者在没有任何约束的情况下发表个人的想法，提出自己的创意。参与的人甚至可以提出看起来异想天开的想法。

一、基本规则

实施头脑风暴会议能引起大量新创意的诞生，主要有以下原因：一是在轻松、融洽的气氛中，每个人都能尽情想象，自由联想，各抒己见；二是能够产生互相激励、互相启发的效果，每个人的创意都会引起他人的联想，引起连锁反应，形成有利于解决问题的多种创意；三是会议讨论更能激发人的热情，激活思维，开阔思路，利于突破思维定式和旧观念的束缚；四是竞争意识会让与会者积极开动脑筋，发表独到见解和新奇观念。在使用头脑风暴法解决问题时，为了减少群体内的社交抑制因素，激励新想法的产生，提高群体的创造力，要遵守以下基本规则。

（一）暂缓评价

在头脑风暴会议上，会议主持人和会议参与者对各种意见、方案的正确与否，不要当场做出评价，更不能当场提出批评或指责。对现有观点的批评不仅会占用宝贵的时间和脑力资源，而且容易使与会者的发言变得谨慎保守，从而遏制新观点的诞生。所有的想法都有潜力成为好观点、好方法，或者能够启发他人产生新的想法。参与者着重对想法进行丰富和拓展，将评论放在后面的"评价阶段"进行，即采用"延迟评判"策略，这样可以产生一种有利于畅所欲言的气氛。

（二）鼓励提出独特的想法

与会者在轻松的氛围下，各抒己见，避免人云亦云、随波逐流、思维僵化，有利于提出独特的见解，甚至是异想天开的、貌似荒唐的想法。这样便可能开辟新的思维方式，提供比常规想法更好的解决方案。

（三）追求数量

如果追求方案的质量，就容易将时间和精力集中在对该方案的完善和补充上，从而影响其他方案的提出和思路的开拓，也不利于调动所有成员的积极性。如果会议结束时有大量的方案，那就极可能从中发现一个非常好的方案。因此，头脑风暴法强调所有的活动应该以在给定的时间内获得尽可能多的方案为原则。

（四）重视对想法的组合和改进

可以对他人好的想法进行组合、取长补短，进行改进，以形成一个更好的想法，从而达到"$1+1>2$"的效果。与单纯提出新想法相比，对想法进行组合和改进可以产生出更好、更完整的想法。因此，头脑风暴法能更好地体现集体智慧。

现代发明创新课题涉及的技术领域广泛，因而靠个别发明家单枪匹马式的苦思冥想来求得问题解决的方法收效甚微。相比之下，类似头脑风暴法这种群体式的思维方法则会显得效果更好。

二、小组成员

奥斯本认为，实施头脑风暴会议的参加人员包含主持人和记录员在内，以6～7人为宜。头脑风暴法小组人数的多少取决于主持人风格、小组成员个体的情况等因素，小组成员人数太多或太少效果都不太理想。人数过多时，会使某些人没有畅所欲言的机会；过少则会场面冷清，影响参与者的热情。在实施过程中，对小组成员和主持人的要求有以下四点。

（一）小组中不宜有过多的专家

参与者最好职位相当，对所要解决的问题都感兴趣，但不必都是同行。在进行头脑风暴的过程中，如果专家太多，就很难做到"暂缓评价"。权威在场必定会对与会者产生"威慑"作用，造成心理压力，难以形成自由的发言氛围。在实施头脑风暴时，会议参加者往往都是从各个部门汇集而来的各专业领域的专家。在这种场合，无论主持人还是参加者，都应注意不要从专业角度发表评论，否则会引起争议，打破和谐局面，产生不良效果。

（二）小组成员最好具有不同学科背景

如果小组成员具有相同的学科背景，都是同一方面的专家，那么很可能会沿着固有专业方向的常规思路来开发思想、产生观念。这样，同学科或相近学科的成员所产生的构想范围就会有限，而不能发挥头脑风暴的优势。相反，如果小组成员背景不同，他们就有可能从不同的层面、不同的方向、不同的角度提出千差万别的观点，从而更有利于获得头脑风暴效应。

（三）参与者应具备较强的联想思维能力

参与者具有较强的联想思维能力是头脑风暴法获得良好效果的重要保证。在进行头脑风暴时，组织者应尽可能提供一个有助于把注意力高度集中于讨论问题的环境。在头脑风暴会议上，有的人提出的设想可能是其他准备发言的人已经思考过的设想。其中最有价值的设想，往往是在已提出设想的基础上，经过头脑风暴迅速发展起来的设想，或是由对多个设想进行综合所得到的。因此，头脑风暴法产生的结果是小组成员集体创造的成果，是头脑风暴小组成员互相感染激励、互相补充完善的总体效果。

（四）头脑风暴会议主持人的确定

只有对整个头脑风暴过程进行适度控制和协调，才能减少头脑风暴的抑制因素，激励新想法，发挥小组群体的创造力，获得预期的效果。由此可见，头脑风暴小组中的主持人非常重要。

主持人必须能够做好以下三点：

（1）能掌控会议，并使头脑风暴会议的成员严格遵循头脑风暴法的基本规则。

（2）要使会议保持热烈而轻松的气氛。

（3）要保证让全体参与者都能畅所欲言，献计献策。

头脑风暴会议的主持人必须具有丰富的经验，能够充分把握需要讨论的问题。主持人应乐于接受头脑风暴法所带来的奔放而接近狂热的会议气氛，努力使参加者忘却自我。主持人应及时地发现参加者朝哪个方向提出设想，并巧妙地将脱离正确方向的参加者引回到既定的目标方向上来。

三、头脑风暴的实施过程

头脑风暴法可分为会前准备、会议过程和创意评价三个阶段。

（一）会前准备

（1）确定讨论主题。讨论主题应尽可能具体，最好是实际工作中遇到的亟待解决的问题，目的是为了进行有效的联想和激发创意。

（2）如果可能，应提前对提出初始问题的个人、集体或部门进行访谈调研，了解解决该问题的限制条件、制约因素、阻力与障碍以及任务最终目标分别是什么。

（3）确定参加会议人选，并将这些问题写成问题分析材料，在召开头脑风暴会议之前的几天内，连同会议程序及注意事项一起发给各位与会人员。

（4）举行热身会。在正式进行头脑风暴会议前，召开一个预备会议。这是因为在多数情况下，小组成员缺乏参加头脑风暴会议的经验，同时，要他们做到遵守"延迟评价"原则。

所确定的讨论主题的涉及面不宜太宽。主持人将讨论主题告诉会议参加者,并附加必要的说明,使参加者能够收集确切的资料,并且按正确的方向思考问题。在热身会上,要向与会人员说明头脑风暴法的基本规则,解释创意激发方法的基本技术,并对成员所做的任何有助于发挥创造力的尝试予以肯定和鼓励,从而让参与者形成一种思维习惯,以适应头脑风暴法及其气氛。

(二)会议过程

(1)由会议的主持人叙述议题,要求小组人员讲出与该问题有关的创意或思路。

(2)与会者想发言的先举手,由主持人指名后开始发表设想,发言力求简单扼要,注意不要做任何评价。发言者首先要提出自己准备好的设想,然后再提出受别人的启发而得出的思路。从这一阶段开始,就存在着头脑风暴的创造性思维方法。

(3)当头脑风暴法进行到与会者都没有可发言的内容时,主持人必须使讨论发言再继续一段时间,务必使每人尽力想出妙计,因为奇思妙计往往是在挖空心思的压力下产生的。主持人在遇到会议陷于停滞时可采取其他创意激发方法。

(4)创意收集阶段实质上是与创意激发和生成阶段同时进行的。执行记录任务的是组员,也可以是其他组织成员。可以根据提出设想的速度,考虑应配备记录员的数目。每一个设想必须以数字注明顺序,以便查找。记录下来的创意是进行综合和改善所需要的素材,因此应该放在全体参加者都能看到的地方。

在小组成员提出设想时,主持人必须善于运用激发创意的方法。同时,主持人还要保证使参与者坚守头脑风暴法的基本规则,即任何发言者都不能否定和批评别人的意见,只能对别人的设想进行补充、完善和发挥。一次会议创意发表不完的,可以再次召开会议,直至将各种创意充分发表出来为止。

(三)创意评价

先确定创意的评价和选取的标准,比较通用的标准有可行性、效用性、经济性、大众性等。在会议之后,要对创意进行评价和选择,以便找到解决问题的最佳办法。对设想的评价不要在进行头脑风暴法的同一天进行,最好过几天再进行。

案例 5-4

如何清除电线积雪

有一年,美国北方格外寒冷,大雪纷飞,电线上积满冰雪,大跨度的电线常被积雪压断,严重影响通信。许多人试图解决这一问题,但都未能如愿以偿。后来,电信公司经理尝试用头脑风暴法来解决这一难题。

他召开了关于如何清除电线积雪的头脑风暴座谈会,提前通知参加会议的不同专业的技术人员,收集资料并做好准备。会议在几天后召开。经过主持人的引导,大家放下包袱自由地议论开来。

有人提出设计一种专用的电线清雪机;有人想到用电热来化解冰雪;也有人建议用振荡技术来清除积雪;还有人提出能否带上几把大扫帚,乘坐直升机去扫电线上的积雪。对于这种"坐飞机扫雪"的设想,大家心里尽管觉得滑稽可笑,但无人在会上提出批评。相反,有一位工程师在听到用飞机扫雪的想法后,大脑突然受到冲击,一种简单可行且高效率的清雪方法冒了出来。他想到,每当大雪过后,出动直升机沿积雪严重的电线飞行,依靠高速旋转的螺旋桨即可将电线上的积雪迅速扇落。他马上提出"用直升机扇雪"的新设想,顿时又引起其他与会者的联想,有关用飞机除雪的主意一下子又多了七八条。不到 1 小时,与会的 10 名技术人员共提出 90 多条新设想。

经过试验,发现用直升机扇雪的法子真能奏效,一个久悬未决的难题,终于在头脑风暴会中被巧妙地解决。

资料来源:李昊,《金科铭律:不可不知的 18 条管理定律》。内容有删改。

四、使用技巧

(1)确定讨论问题非常重要,如果问题设置不当,头脑风暴会议便难以获得成功。

(2)"停停走走"是头脑风暴法一个常用的技巧,即 3 分钟提出设想，然后 5 分钟进行考虑，接着用 3 分钟的时间提出设想。这样 3 分钟与 5 分钟过程反复交替，形成一定的节奏。

（3）"一个接一个"是头脑风暴法又一个常用的技巧，与会者根据座位的顺序一个接一个提出观点，如果轮到的人没有新构想就跳到下一个人。如此循环，直至会议结束。

（4）与会成员应当定期更换，应在不同部门、不同领域挑选不同的人参加，这样才能防止群体形成固定的思维方式。

（5）参加会议成员的构成应当考虑男女搭配比例，适当的比例会极大地提高构想的产生数目。

头脑风暴法也有自身的一些局限性，但这些问题可通过一些措施加以解决。比如，选择一个有经验的会议组织者及会议主持人，就能够有效减少讨论中可能出现的不利情况，控制讨论进程和方向；恰当地选择与会人员，可以避免个别人或权威带来的不利影响，营造轻松自由的氛围。同时，还可以运用一些技巧来减少或避免这些不利的情况。

作为一种令人愉悦的活动，头脑风暴法通常被参与者欣然接受。总体而言，头脑风暴法适用于解决那些相对比较简单并被严格确定的问题，如研究产品名称、广告口号、销售方法、产品的多样化研究等。在更加复杂的发明问题中，使用这种方法不可能立即猜想出解决方案，因此这不是一种能快速形成发明结果的方法。

练一练

1. 以头脑风暴法思考筷子有哪些功能。
2. 以头脑风暴法说出领带的用途。
3. 尽可能多地列出灯泡、肥皂、纽扣、镜子的妙用。
4. 尽可能多地写出保持水龙头人走即关闭的各种方法。
5. 找出帮助电脑前久坐者在规定时间后起身运动的多种方法。
6. 在街头派发广告的最常见形式是宣传单或宣传册，运用头脑风暴法提出有更有效、更有创意的点子。

任务四　和田十二法

在奥斯本检核表法的基础上，我国许立言、张福奎等人通过研究，提出了创造发明的"和田十二法"，具体内容如下：

1. 加一加

通过把一件物品加大、加长、加高、加重或组合，使物品在形态、功能、尺寸上有所变化。如可以在这件东西上添加些什么？需要加上更多时间或次数吗？把它加高一些、加厚一些行不行？把这样的东西跟其他东西组合在一起会有什么结果？收集建议，开讨论会，组合一下。比如把普通伞加大一点成为沙滩伞、街上设摊用的晴雨伞，把橡皮和铅笔加一加成为橡皮头铅笔等。

2. 减一减

把原物品减小一点、减轻一点，减去某功能、某部分，使其形态、价值、功能、成本等明显优化。如可以在这件东西上减去些什么？可以减少些时间或次数吗？把它降低一点、减轻一点行不行？可省略、取消什么东西呢？如电子管—晶体管—集成电路，使电子设备体积、材耗、能耗明显减少，性能更加稳定；为减轻重量，以塑料代替钢铁。

3. 扩一扩

把原物体加长一些、增强一些能不能提高速度？增宽一点、增大一点、扩展一点，可能会使功能产生明显变化。很多产品都是扩出来的，如放大镜、显微镜、大屏幕电视、投影电视、围棋和象棋比赛用的演示挂盘；空调扩一扩，有分体式、短式机、中央空调等。

4. 缩一缩

把东西压缩、缩小会怎样？拆下一些、做得薄一些、降低一些、缩短一些、减轻一些、再分割得小一些行不行？把现有产品变为小型、微型，给使用者带来方便。如折叠雨伞、微景观装饰品、电热杯等。

5. 变一变

改变一下形状、颜色、音响、味道、运动、气味、型号、姿态会怎样？改变一下次序会怎样？如把风琴改成电子琴，圆形铅笔变成六角形、三角形、扁形，改变服装面料的颜色、图案、款式等。

6. 改一改

改进物品原来的形状、性能、结构，使其产生新的形态、功能、特性。这件东西还存在什么缺点？还有什么不足之处需要加以改进？它在使用时是否不便？有解决这些问题的办法吗？可否挪作他用或做些许改变？如用玻璃制作眼镜片，易碎裂，眼镜架是金属的就沉，可改为树脂镜片、钛合金架子，更轻、更安全；普通伞改为折叠伞、自动伞；白炽灯外壳改用彩色玻璃、乳白色玻璃。

7. 并一并

把一个物体与另一个物体合并起来，把多种物品或功能组合起来，其特点是把多种规律和多种功能合并。如把单色圆珠笔合并成多色圆珠笔；瑞士多功能军刀就是把刀、剪、钳、叉、开瓶器等合并起来，成为深受欢迎的世界名牌产品。

8. 学一学

有什么事物和情形可以让自己模仿、学习一下吗？模仿它的形状、结构、功能会有什么结果？学习它的原理、技术又会有什么结果？如从恐龙的巨大身躯悟出建筑学的道理；草圣张旭从公孙大娘的剑舞中悟出草书。"功夫在画外，功夫在诗外""行万里路，读万卷书"就是告诉人们要博采众长，要善于从不同行业、学科、领域汲取营养，将其嫁接和杂交到本行业、本学科和本领域，可得到出乎意料的价值。

9. 代一代

有什么东西能代替某样东西？如果用别的材料、零件、功能、方法、工具、商品等替代行不行？换个人做、使用其他动力、换个机构、换个音色行不行？换个要素、模型、布局、顺序、日程行不行？如以塑料代替钢铁、以PVC管代替铸铁水管等。

10. 搬一搬

把这件东西搬到别的地方，还有别的用处吗？这个想法、道理、技术搬到别的地方，也能用得上吗？可否借用他人的智慧、意见、建议？能否把某事物或某部件的制作工艺、原理、方法搬动一下，产生一种新的物品？一个平淡无奇的东西，搬到另外一个领域却是一个很好的东西。不能总局限在一个领域、范围、单位里打转，要走出去，博采众长，外面的世界很精彩！如把照相机镜头装到扩印机上扩放照片；电视机拉杆天线搬到圆珠笔上，制成教鞭圆珠笔等。

11. 反一反

如果把一件东西或事物的正反、上下、左右、前后、横竖、里外颠倒一下会有什么结果？试把某事物的形态、性质、功能、结构反一反，世界上很多发明都是通过反向思维而获得的灵感。如一般是工件旋转，车床刀具移动切削零件的，反过来，让工件移动，刀具旋转，就发明了能加工出各种各样异形工件的铣床；将电转化为磁做成电动机，反过来将磁转化为电制成发电机。

12. 定一定

为提高学习、工作效率，解决某个问题或改进某件东西，防范发生事故、疏漏，需要规定些什么吗？在解决某一问题或改进某一物品时，能否先定个大家都能接受的约定标准或规定？在经验和教训的基础上，制定一些规章制度和技术标准，使其文件化、制度化。此外，还包括定时、定温、定型、定人等。

简单的12个字："加""减""扩""缩""变""改""并""学""代""搬""反""定"，概括了解决发明问题的12条思路。从形式上来看，和田十二法语言通俗易懂，从本质看是进行发明创新用的基本措施列举。

案例5-5

用和田十二法改进电风扇的新设想

(1) 加一加：加个电脑，成为带电脑的电风扇。
(2) 减一减：减去吊杆，成为吸顶电风扇。
(3) 扩一扩：扩大送风角度，成为全方位电风扇。
(4) 缩一缩：缩小尺寸，成为微型电风扇。

(5) 变一变：改变结构、成为球式电风扇。
(6) 改一改：改进使人着凉的不足，成为保健电风扇。
(7) 并一并：与催眠联系，成为催眠电风扇。
(8) 学一学：学用新技术，成为太阳能风扇。
(9) 代一代：用其他材料代替，成为木叶片电风扇。
(10) 搬一搬：装到电视机上，成为电视机用电风扇。
(11) 反一反：冬天也用电扇，成为热风扇。
(12) 定一定：规定节能标准，成为节能电风扇。

资料来源：https://wenku.baidu.com/view/3e6b85b56c175f0e7dd1378f.html。内容有删改。

练一练

1. 如果你是一家台灯厂的产品设计部的设计人员，请用和田十二法对台灯进行创新开发，思考一下什么样的产品才能得到大众的认可。

2. 如果你是一家拖鞋厂的经理，面对竞争压力，必须进行产品创新。请用和田十二法对拖鞋进行创新开发。

3. 现在的钢笔，功能单一，请用和田十二法对其进行创新设想。

4. 请以你身边熟悉的某一组织（如企业、学校、社团、学生会等）为对象，运用和田十二法，为该组织发展提出5条以上创新性方案和建议。

项目六 类比创新方法

学习目标

1. 理解类比创新方法的内涵、类比思维的内涵及其特点。
2. 理解综摄法的内涵、运行机制、特点、实施程序及其应用。
3. 掌握直接类比法、拟人类比法、象征类比法、对称类比法、因果类比法、综合类比法和幻想类比法等类比创新方法。

引导案例

神奇的拉链

拉链,是日常生活中再平常不过的用品,随处可见。将拉链移植到外科手术的缝合中,手术后只需"拉一下"便可缝合伤口,这使拉链发挥了神奇的功效。

这种手术拉链由两片多层辅助胶布和一条拉链组成,医生只需在术后切口的皮肤上贴上辅助胶布,再轻松一拉,两分钟即可合上伤口,而传统的缝合法则至少需要半小时。它使人们既免受肌肤缝线与拆线之苦,又促进伤口愈合,不留"针脚"。

资料来源:曹莲霞,《创新思维与创新技法新编》。内容有删改。

任务一 类比创新方法概述

一、类比创新方法的内涵

类比是指不同事物或现象在一定对象上的相同或相似。通过两个（两类）对象之间某些方面的相同或相似，推演出其他方面的相同或相似，这种方法就称为类比法。

世上事物千差万别，但并非杂乱无章，它们之间存在着不同程度的类似。有的是本质类似，有的是构造类似，有的也可能只是形态或表面的类似。

类比是以比较为基础的。人们在探索未知世界的过程中，可以借此将陌生的对象与熟悉的对象、未知与已知相对比。推而广之，许多在质上虽不同的现象，只要它们符合某些相似的规律，往往就可以运用类比法来研究。由此物推及彼物、由此类推及彼类，启发思路、提供线索、触类旁通。正如康德所说："每当理智缺乏可靠论证的思路时，类比这个方法往往指引我们前进。"

所谓类比创新方法，就是从已经存在的自然物体或事实中，经演绎推理、改进拓展得到新的物体或事实的一种创新思维方法。

类比创新的实质是一种确定两个或两个以上事物间异同关系的思维过程和方法，即根据一定的标准尺度，将几个彼此相关的事物加以对照，把握事物的内在联系进行创新。

案例 6-1

古登堡发明铅活字印刷

古登堡这项发明的灵感源自两个概念的类比。

第一个类比。古登堡居住在德国著名的葡萄酒酿造城市美因茨，当地的葡萄酒制造者采用一种手动操作的垂直螺旋压榨机，成规模地榨取葡萄汁。这项技术既节省劳动力成本，又可以大大提高生产效率。同样，当地造纸者也使用螺旋压榨机挤压出浸泡着亚麻、大麻、棉花的水。古登堡脑海中灵光一闪，他想象着，不是把液体从纸里压出来，而是把墨水压进去。

第二个类比。古登堡的父亲在当地一家造币厂工作，负责评估硬币的品质。当时的硬币都是本地工匠手工铸造的，因此硬币形状和浮雕都参差不齐。古登堡想，能否把这些流通的硬币真正统一化，把表面的图案换成字母。不同的字母通过特定的组合可以拼出特定的单词。如果大量制造出这些精确的字母块，就可以在印刷机上放置这些字母块，并能不断更换它们的位置，从而印出无数文稿。

古登堡的这一发明让一个人能完成成百上千个抄写员的工作，使用铅活字印刷迅速降低了印刷成本，促进了知识的传播。

资料来源：约翰·波拉克，《创新的本能：类比思维的力量》。内容有删改。

在运用类比创新时，联想思维是非常重要的因素。事物间的联系是普遍存在的，正是这种联系，使我们的思维得以从已知走向未知，变陌生为熟悉。发明创造所追求的是新颖未知的事物，应该是人们暂时还感到陌生和不了解的。为此，需要借助现有的知识与经验或其他已经熟悉了的事物，将其作为桥梁，通过联想思维获得借鉴启迪。这就是联想类比在创新中的非凡作用。

二、类比思维的内涵及其特点

类比思维是从两个对象之间在某些方面的相似关系中受到启发，获得解决问题的方法的一种创造性思维。它是一种或然性很大的逻辑思维方式，其创意性表现在通过类比已知事物开启创造未知事物的发明思路，隐含有触类旁通之义。类比思维具有激活想象力、启发性和提高猜想可靠度等特点。

1. 激活想象力

类比推理通过联想充分激发创造主体的想象力，并使想象保持正确的方向，适当的类比会促进合理联想的产生。例如，人们一直认为圆是完美的曲线，球是完美的形体，开普勒通过与几何图形的类比，依靠实际的观测资料,通过多次对偏心圆轨道的探测,最后发现了椭圆形的运动轨道。

2. 启发性

类比具有巨大的启示功能,能为创造者提供较为具体的线索,尤其是当创新对象的有关材料还不足以进行系统的归纳和演绎时,类比能起到"开路先锋"的作用。在创新过程中,一个问题的机理弄清了,就可为类似的一大批问题的解决提供合理的启示。

3. 提高猜想可靠度

在创新过程中,人们总希望提出可靠性较高的假说来解释未知的现象和难题,从而缩短探索的时间。依靠类比推理,将已确证的知识推广到与之类似的领域或对象上去,可大大提高假设的可靠度。

三、类比创新的主要方法

经过长期的创新实践,人们逐渐将类比创新方法按类比的对象和方式不同进行分类,大致分为综摄法、直接类比、拟人类比、对称类比、因果类比、象征类比、综合类比、幻想类比等多种类型。本章重点介绍综摄法,随后介绍其他方法。

练一练

要设计一种开瓶盖的新工具,从"开"这个词出发,看看有多少种"开"法。

任务二 综摄法

一、综摄法的内涵

综摄法(synectics)一词出自希腊语,指把表面上看来不同而实际上有联系的要素综合起来,也称为集体研究制、集中导向法、比拟法、提喻法。

综摄法是一种集体创新方法,一般由主持人、该问题的专家以及各种专业领域的成员共同实施。应用该方法需要有相当丰富的经验，因此需对应用综摄法的人员进行时间较长的培训。

综摄法最初是由威廉·戈登开发。1914年，戈登对一名发明家进行了连续的观察，以便发现其创新活动的心理过程。在观察中，戈登发现在创新活动中会出现几个反复性的心理过程，他证明这是一种普遍现象。后来乔治·普林斯（George Prince）加入戈登的研究行列中。他们成立了新耐克梯（Synectics）公司，共同创建了综摄法。

综摄法是建立在以下五种基本假定之上：

（1）每个人都存在潜在的创造力。
（2）通过特定人的创造现象可以描述出共同的心理过程。
（3）在创造过程中，感情的非理性因素比理性的因素更为重要。
（4）创造中的心理过程能用适当的方法加以训练、控制。
（5）集体的创造过程可以模拟个人的创造过程。

二、综摄法的机制

综摄法强调人们在进行创造活动时注意使用潜意识的心理机制，并且有意识地加以应用。综摄法的创始者戈登认为，该方法的机制通俗来说就是首先"使陌生的熟悉起来"，然后再"使熟悉的陌生起来"。

要使陌生的熟悉起来，就是把自己初次接触到的事物或新的发现应用到自己早已熟悉的事物中去的思维方式；要使熟悉的陌生起来，就是通过新的见解来找出自己非常熟悉的事物中的异质观点。一般说来，所谓创造，就是将看来毫无关系的事物组成新的结构，创造出更出色的事物来。观察新奇事物时，必须了解该事物如何由现存的性质、功能、结构搭配组成，这就是"使陌生的熟悉起来"。要将事物组成新的组合，需要从不同的角度来观察，从而找出新的性质、功能、结构，这就是"使熟悉的陌生起来"。

案例6-2

充气轮胎的发明

当车子的轮胎是橡胶轮时，无论橡胶轮太硬还是太软，坐在车上都会感到不舒服,因为橡胶是直接裹在车轮上的。有一天,邓禄普一边走一边思考问题时,孩子们玩足球时把球踢到了他的脸上,就在这一瞬间,邓禄普突然省悟:如果像足球那样,使橡胶轮中充气,情况将会如何呢?充气轮胎就这样诞生了。

<small>资料来源:曹莲霞,《创新思维与创新技法新编》。内容有删改。</small>

"使陌生的熟悉起来"和"使熟悉的陌生起来"是综摄法的两个最基本的创造活动,它们归根到底是运用联想来进行的,而创造联想的心理机制首先就是类比。

三、综摄法的特点

综摄法的基本特点是提出设想时松散随意,采用方案来解决实际问题时严谨缜密。严谨精确、准确、切实等属性是必要的,是非常有价值的,但它们的价值只有在实施解决方案时才体现出来,其本身并不构成创造力的成分或要素。若我们想充分自由地发挥幻想力、想象力和首创精神,我们就不要被常规可接受的智力标准所束缚。因为任何观念或设想都不是单面的,它具有许多侧面,对于一种设想,总可以找到一些有益的成分。因此,我们要创造性地解决问题,就不要顾及常规,不要惧怕荒诞的设想。

综摄法的另一个特点是人们在讨论问题时不要企图去界定它,而是应把当事人对问题的陈述看作讨论的起点。当事人员对问题的背景做简洁的解释和介绍,可以对自己所看到的情形加以说明。接着,当事人一起对问题再加以陈述和阐释,这样的陈述与阐释可能会像参与者所期望的那样,是幻想式的、理想化的、非现实的,这样做的目的是打开整个问题领域,给当事人一个重新审视问题的机会,使他们跳出常规思考。

综摄法还有一个特点,那就是在同一时间内,不必像头脑风暴法那样产生出很多观念或设想,只要产生两三个就行了。事实上,会议主持人的任务之一就是要在不打击参与者士气的情况下防止产生过多的意见。

四、综摄法的实施程序

(一)确定综摄法小组的构成

综摄法是一种集体创新方法,它要求有一个专业小组来实施,相对而言，综摄法对组员的要求比头脑风暴法小组组员的要求更高一些。小组成员的素质在很大程度上决定着该法能否获得成功。

一个综摄法小组成员以 5~8 名为宜。其中 1 名担任主持人，1 名是与讨论问题有关的专家，再加上各种科学领域的专业人员 4~6 名，这样的人员组合是综摄法所要求的基本组合。

1. 主持人的作用与要求

主持人只是解决问题的过程引导，他仅仅起着指导过程展开的作用。主持人不应该以任何方式参与有关内容的讨论之中。他只要把握方向，指导过程，而不需要贡献意见、建议或可能的解决方案，更不必提供最佳的解决办法。主持人应根据观察和征询专家，根据展开过程的反应来确定综摄法实施过程的成功度。主持人必须特别注意要让各位组员的能力得到充分发挥，必须巧妙地让全体成员提出问题并引导出好的类比，因此要更多地重视组员的设想。此外，当专家受到成员的意见启迪，显示出积极思维时，主持人要抓住时机把任务引向专家。具体说来，主持人有以下作用：

（1）确保小组成员信守规则。

（2）鼓励沉思。

（3）记录组员所提出的所有想法。

（4）与专家一道检查会议进程，考察小组讨论是否沿正确轨道展开。

（5）管理好时间，一次讨论持续约 45 分钟即可。

基于主持人的重要作用，在选择小组主持人时，应选择具有下述优点的组员：

（1）从不参与小组成员的竞争。

（2）是一位小组成员的优秀倾听者。

（3）不会让任何人陷入防卫心理。

（4）使小组成员始终保持旺盛的精力。

（5）能调动起每一位组员的积极性。

（6）不操纵小组，不企图控制霸占全场。

2. 对专家的要求

综摄法小组里必须有一位专家，他必须是会议讨论的问题方面的专家。综摄法对专家的要求也很高。在会议开始时，他要说明问题，让组员们确切地了解该问题的背景以及现状等关键。然后，与主持人一起对解决问题应达到的目标进行研究，同时也要广泛听取组员们的意见。在确定解决问题的目标后，他应注意在组员提出的设想中是否有启示性因素，尤其是在会议的前半期即自由萌发设想阶段，切不可对各位成员提出批评，也就是重视自由奔放，避免使别人的发言囿于自己的思想框架内。

专家应该知道他期望得到什么，这样，当讨论问题的进程似乎偏离问题的方向时，他不必惊慌。专家也该明白综摄法的实施过程，这对于他理解会议进程相当有用。

综摄法最终提出的解决方案是为了解决实际问题的，因此专家必须有一定的权威或能力让该方案付诸实施，小组成员若得知集思广益的成果被实践所证明，那将会在心理上获得很大满足。

3. 对小组其他成员的要求

综摄法对小组成员的素质要求很高，威廉·戈登制定了专门的小组成员资格及组成标准。他建议小组成员应该由那些经常运用类比或暗喻的人组成。他们应具有互相帮助的态度，应具有密切配合的整体活动意识，以及具备必要的抽象概括能力。他们也应具备诸如感情成熟、敢担风险以及非身份导向的人格特征。他们还应表现出对小组及小组目标的忠诚。他们的年龄最好在25～40岁之间。

参加研究小组的人最好与会议主题没有太大关系，可以邀请下列专业人员参加会议：心理学、社会学、市场学等方面的专家，以及熟悉化学、生物学、机械和电子技术的人。这样各位成员既可以最大限度地应用本专业的知识，又可以不受本专业的限制，以便萌发出广泛的想法。

（二）提出问题

会议应该解决的问题，有时由成员提出，有时受外界委托，一般由主持人向小组成员宣读。主持人应该和专家一起预先对问题进行详细分析。

（三）专家分析问题

会议开始后，主持人先提出问题，然后由专家对该问题进行解释，以使成员们能理解。由于参加的成员不是该问题的专家，因此有必要简明易懂地加以说明，但无须做详细的说明。在会议的过程中，偶尔根据需要再加以说明就足够了，该步骤的主要目的是使陌生者熟悉。

(四)净化问题

这一步是为了消除前两步中所隐含的僵化和肤浅的地方,也是为了进一步厘清问题。当事人在听到一个问题时,就会开始构想解决的办法。这一步正好为他们提供了发表想法的机会。小组成员把他们的想法表达出来,提交专家,让专家做出评价,专家也会尽力对这些想法做出判断与评价。他会解释发生了什么事,为什么该想法不可行。这样做的目的,是为了让问题对各成员来说是极其切身的,并使成员从多方面加以体察,以达到"净化"问题之目的。

(五)理解问题——确定解决问题的目标

这一步从选择问题的某一部分来分析入手。这时,每位成员应尽可能描述他所看到的问题,然后由主持人记录下各种观点。应鼓励每位成员用期望性的、理想化的语言陈述该问题,如可以说"我们……才能……",这样做的目的是为了让每位成员理解问题的关键所在,并提出解决问题的目标形式。

(六)类比的设想

综摄法的迷人之处就在于使用类比来获得解决问题的方案。在这一阶段,小组成员使用直接类比、拟人类比、象征类比等操作技巧。这一阶段是综摄法的关键所在,是综摄法的高潮阶段,主持人应该记录下每位成员的设想,并将之写在纸上以便成员查看,从而再激发设想。

(七)类比的选择

从各位成员提出的类比之中,选出可以用于解决问题的类比。选择适当的类比是十分重要的。典型的做法是,主持人依据与问题的相关性,以及小组成员对该类比的兴趣及有关这方面的知识来进行筛选。

(八)类比的研究

结合解决问题的目标,对选出的类比进行研究,从类比的例子中找出更详细的设想。

(九)适应目标

使用前面步骤中所得到的各种设想,与在现实中能使用的设想结合起来。这时经常使用强制性联想,即小组成员把启示和问题连在一起,并尽其奇思幻想之能事。在这一过程中,要始终围绕待解决的问题进行,直到找到解决问题的新途径为止。

（十）制定解决问题的方案

为了制定完整的解决方案，这个阶段要尽可能地发挥专家的作用。专家要反复进行实验和检查，使工作得以顺利完成。

案例6-3

调查矿床中石油含量

（1）确定小组构成。

（2）提出问题：调查矿床中石油含量。

（3）专家分析问题：最好的方法，是采用开孔的钻井机，从岩芯中提取标本。

（4）净化问题，考虑解决问题的试行方案：没有特别规定。

（5）理解问题，确定解决目标：查清石油是如何混挤在矿床岩石中的。

（6）类比的设想：找出呈混挤状态的实例。

①直接类比：停在牛尾巴上的苍蝇，为了战胜其他生物而繁殖的病毒。

②拟人类比：我变成了很小的生物，如病毒；我像螺丝锥那样呈螺旋形。

③象征类比：把有关病毒的书的标题定为《强迫性的漠不关心》，以此为基础进行直接类比。

（7）类比的选择：猫是漠不关心的动物。

（8）类比的研究：如果猫汇集成群，漠不关心的习性就会消失，变得易于发怒。

（9）适应目标：如果用某种方法使石油凝集起来，石油就会发生反应；如果石油不处于平静的状态，就不称其为石油了；最好输送氮使石油冻结。

（10）编制解决问题的方案。这样一来，就与解决问题的方案相联系起来了。

资料来源：https://www.docin.com/p-621352637.html。内容有删改。

| 项目六　类比创新方法 |

案例 6-4

如何消除办公室组织管理中的缝隙

某个小组所面临的问题是职员不能很好地处理分配给他们的工作,办公室里的工作无法顺利进行,安排的工作要么被拖延,要么干脆没做,在此之前,已试过一些方法但成效不大。小组领导决定用类比联想的方法来使小组成员暂时丢开问题。

开始时对问题的界定是如何改进办公室的工作效率,随后将问题重新界定为如何消除办公室组织管理中的缝隙。

主持人从问题的界定中选取了关键词:缝隙。接着,要求小组成员从自然界中寻找有关缝隙的想法。于是,就产生了诸如断裂性大峡谷、风景断痕、杂交动物或巨兽,以及癌细胞的繁殖等想法。

随后,为了使小组与问题之间保持距离,主持人提出如下问题:如果变成平原上的一个断层,将会有何感受?也许对此问题的反应是:丑陋、缺陷、不需要、不必要及很自然。

然后,主持人抓住"很自然"这条线索,看它与所提问题具有什么可能性联系。他向小组成员提问:"如果你是风景中的一道断痕,需要什么条件才能使你感到这不是一件自然之事?"也许会得到这样的回答:展示你对环境造成的破坏;指出你与环境多么不协调,向你展现风景中的自然断痕究竟是什么,实际上它可能会具有相当的吸引力。

接着,主持人要求小组成员把这些观念与最初的问题联系起来,"展示对环境的破坏"显然与题相切。如果将其转换成办公室中的问题,那就是由于办公效率不高而对公司的总体运作状况造成了消极的影响,比如销售额下降、成本提高、利润降低等。设计某种用于显示因效率低下而造成不良后果的装置就是下一步要考虑的问题。最后,开发出一套监管系统,用于监管由办公室的关键失误或疏忽所造成的影响。

资料来源:杨哲、张润昊,《创新思维与能力开发》。内容有删改。

五、综摄法的应用

(一) 应用综摄法时需注意的问题

第一，专家或问题拥有者在描述问题时不应该描述每一个复杂的细节，他只需对问题本身及其背景做简短说明。

第二，在确定问题的目标阶段时，应尽量从各种不同的角度来审视问题情境，这样就会沿着最为适当的方向寻找解决方案。专家应就那些有见解的、方向正确的观念、设想提供方向性引导，使小组成员有的放矢。专家应使用"我希望"等陈述。

第三，专家应对小组提出的对问题的再界定进行反思，并从中选择两三个最能反映问题情境的定义。必须提醒的是，不要只选择那些一眼看上去很实用的定义，而应选择那些奇特的和新奇的问题定义。

第四，条目化反应。所有设想都是具有价值的，人们可以从任何一种观念中开发出一种合适的解决方案。因此，使用综摄法时不应拒绝那些不完善的想法，而是应仔细研究这些想法，并尽力将其转为更加切合实际的解决办法。

第五，在综摄法应用过程中，假如开发出的设想不够，工作组人员就应暂时转移"阵地"，从而触发更多新的方案，并打破他们心理上的束缚。

(二) 综摄法的应用范围

一般说来，综摄法在运用于产品开发时收效最大，在考虑根本性的设想方面，该方法也相当有效，它也适用于社会领域等。

总之，综摄法作为一种创造性思维方法在解决新产品开发、已有产品的改进设计、广告创意，以及解决某些社会问题等方面已得到广泛使用，并被实践证明不失为一种行之有效的办法。

练一练

1. 利用综摄法的"使陌生的熟悉起来"把量子理论变得通俗易懂。

2. 利用综摄法的"使熟悉的陌生起来"由电冰箱类比出新的观点和见解。

| 项目六　类比创新方法

任务三　其他类比创新方法

一、直接类比法

所谓直接类比就是在自然界或已有技术成果中寻找出与创新对象类似的现象或事物,从中获得启示,创造出新的事物。如古代巧匠鲁班发明锯子就是从草割破手指而得到的启发。直接类比简单、快速,可避免盲目思考。类比对象的本质特征越接近,创新的成功率就越高。

案例 6-5

听诊器的发明

纳克医生很想发明一种能够诊断胸腔健康状况的听诊设备。一天他到公园散步,看到两个小孩在玩跷跷板。一个小孩在一头轻轻地敲跷跷板,另一个小孩在另一头贴耳听,虽然敲者用力轻,可是听者却听得极清晰。他把要创造的听诊器与这一现象类比,终于获得设计听诊器的方案,于是听诊器就这样诞生了。

资料来源:曹莲霞,《创新思维与创新技法新编》。内容有删改。

运用这种技巧,我们要尽力就一些可类比的事实、信息或技术进行比较。在利用这些类比材料的过程中,我们需利用已有的经验或知识,把与问题有关联的现象收集整理在一起。如果我们考虑的现象或材料与手头问题的关系太过贴近,我们就难以使熟悉的陌生化,因而不太可能获得有用的见解。例如,如果我们把摩托车与自行车放在一起加以比较,那就可能会因二者太相似而难以刺激出有用的创造。但如果把计算机与人脑加以比较,就会是十分有益的了。

直接类比的核心是尽最大努力清楚且直截了当地对问题与某种物体、事物或观念之间的关系进行描述。例如,你可以把门开合与贝壳的相似特性加以比较。

二、拟人类比法

拟人类比又称感情移入、角色扮演，是指创造主体将自己设想为创造对象的某个因素，并设身处地进行想象和创造。比如当自身是某个因素时，在所要求的条件下会有什么感觉或会采取什么行动。例如，为了改善企业内部人际关系，人们常常采用角色扮演的办法设身处地体会对方的心情。拟人类比可以说是通过扮演角色来体察事物的反应。我们利用拟人类比这种技巧就是用来调动我们的情感的，以便获得对问题的深入理解，或获得对问题的见解。

比利时某个公园，为保持园内优美整洁的环境，将垃圾箱进行了拟人化设计，当游人将废弃物扔入垃圾桶时，它会说："谢谢!"由此引起了游人的兴趣，乱扔垃圾的现象不但没有了，甚至有些游人还专门捡起地上的垃圾放入桶内。

在设计橘汁分离器以前，设计人员将自己想象成一个橘子里的橘汁，然后问道："我怎样才能从橘子里出来呢？显然要冲破橘子皮的包围。""怎么冲破呢？"回答是："通过压榨，给我加大压力，让我有力气挤破橘子皮；通过加热或降温使橘子皮强度减弱，以便容易挤出；也可以用旋转等办法。"

在机械设计中，"拟人化"的构思常会收到满意的效果。如挖土机就是通过模拟人体手臂的动作来设计的。它的主臂如同人的上下臂，可左右上下弯曲，挖头如同人的手掌，可插入土中，将土抓起。机器人的设计也主要是从模拟人体动作入手的。

三、象征类比法

象征是一种用具体事物来表示某种抽象概念或思想感情的表现手法。象征类比是指以事物的形象或能抽象反映问题的符号或词汇来比喻问题，间接反映或表达事物的本质，以产生创造性设想的方法。在创造性活动中，人们有时也可以赋予创造对象一定的象征性，使它们具有独特的风格，这种方法称为象征类比法。

象征类比以直观感知为基础，针对待解决的问题，用具体形象的东西做类比描述，使问题形象化、立体化，为创新开拓思路。生活中我们常用玫瑰类比爱情、玉兰类比纯洁、绿叶类比生命、大炮类比强权与战争、化石代表远古、书籍代表知识、婴儿代表希望、日出代表新生、钢铁代表坚强等。

象征类比在建筑设计中应用甚广。如设计桥梁要赋予"虹"的象征格调设计；纪念碑、纪念馆要赋予"宏伟""庄严"的象征格调；相反，设计咖啡馆、茶楼、音乐厅就需要赋予它们"艺术""优雅"的象征格调。

象征类比要尽可能使问题简化，并由此找到启示的方法。在考虑问题时，人们往往采取与某种模式吻合的观点，为了摆脱这个框框，应该考虑新的形象，并从中受到启示而使观点有所发展。人们常常从童话、谚语、幻想小说这类事物中寻求启示。

四、对称类比法

人类社会和自然界中有很多事物都有对称的特点，可以通过对称的关系进行类比，发现、创造新的东西。

英国物理学家狄拉克从描述自由电子运动的方程中，得出正负对称的两个能量解。一个能量解对应着电子，那么另一个能量解对应着什么呢？狄拉克从对称类比的思想中提出存在正电子的假设，该假设后来被实践证实了。

对称类比法揭示了自然界相互联系中的一致性、不变性和共同性，反映了自然界的秩序和规律性。由于在一个事物中，与一方对称的另一方只有一个，因此，对称类比的结论较因果类比的可靠程度高一些。然而，自然界的对称性本身是千差万别的，如现象、形态、性质、结构和规律等。每一种对称性的出现必须具有一定的条件和范围。因而对称性又具有相对性。因此，一事物中的对称关系也不一定恰好适合另一特殊对象，即它也是一种或然性推理。

五、因果类比法

因果类比法是根据已经掌握的事物的因果关系与正在接受研究改进事

物的因果关系之间的相同或相似之处，去寻求创新思路的一种类比方法。医药公司员工为解决牛黄供应不足的问题，集思广益，终于联想到了"人工育珠"，既然那些河蚌经过人工将异物放入它的体内能培育出珍珠，那么通过人工将异物放入牛胆内也应该同样能培育出牛黄来。他们设法找来一些伤残的菜牛，把一些异物埋于其胆囊里，一年后果然从牛的胆囊里取出了和天然牛黄成分完全相同的人工牛黄。

案例6-6

放大镜的发明

13世纪中期，英国学者培根在雨后的花园散步的时候，突然看到蜘蛛网上沾了不少水珠，他发现透过水珠看树叶，叶脉被放大了不少，连树叶上细细的绒毛都能看得见。这使他非常兴奋。他回家找来一个玻璃球，切下一块，然后拿着这块玻璃球看书，结果文字被放大了许多。培根又找来一块木片，挖出一个圆洞，将玻璃球片装上去，并安上把手，放大镜就这样被发明出来了。

资料来源：https://zhidao.baidu.com/question/1945663583144726908.html。内容有删改。

六、综合类比法

事物属性之间的关系虽然很复杂，但可以综合它们相似的特征进行类比。考试前的模拟考试，通常是出一张试卷，其中综合了将来正式考试中可能会出现的题型、知识点、题量和难度以及考生可能出现的心态，使考生对正式考试的各种情景有所了解，并能对自己的准备程度做出评价，然后有针对性地做好应考准备。

空气中存在的负氧离子可使人延年益寿，消除疲劳，还可辅助治疗哮喘、支气管炎、高血压、心血管病等。负氧离子在高山、森林、海滩、湖泊处较多。后来通过综合类比法，人们创造了水冲击法产生负氧离子，之后采用冲击原理，又成功创造了电子冲击法，这就是目前市场上销售的空气负离子发生器。

在大型装备研发过程中，也通常根据设计方案，建造模拟装备，通过对设备形状、结构、功能等方面的模拟试验来检验设计方案的可行性，如飞机和航天器设计中常用的风洞、船舶装备改造试验中的航海模拟器和轮机模拟等方法。

案例6-7

向蝗虫学习"智能避让"

研究人员发现蝗虫躲避碰撞的技能非常娴熟，迁徙中的蝗群密度可达每平方公里8000万只，但它们却能互不相撞，同时每一只都能巧妙地躲避掠食者。原来蝗虫辨别物体接近或者后退的方式，是通过观察物体的图像是否在其每只复眼的视觉范围中运动。蝗虫的神经传感器是一个能够瞬间迸发能量的视觉中间神经元，当物体靠近快要撞上来时，神经元电流的频率会立即增大。如果效仿这种方式做成模块安装在汽车电脑中，它就能成功地探测碰撞，实现"智能避让"，提高汽车安全性能，这一研究成果将会引发汽车工业的革命。

<small>资料来源：陈爱玲，《创新潜能开发实用教程》。内容有删改。</small>

七、幻想类比法

幻想类比是用超现实的理想、梦幻类比创意对象的创意方法。发明者在发明创造中通过幻想类比进行一步步的分析，从中找出合理的部分，从而逐步达到发明的目的，设计出新的发明项目。这就是幻想类比法。如"嫦娥奔月"的美丽幻想很大程度上推动了人类登月、探月计划的实现；虚构的科幻影视作品中的运载工具和对抗武器，将来也许会从幻想变成现实。

戈登认为，为了摆脱自我和超自我的束缚，发掘潜意识的本我的优势，最好的办法是"有意识地自我欺骗"，而幻想类比就能发挥"有意识地自我欺骗"作用。简言之，就是利用幻想来启发思路，古代神话、童话、故事中的许多幻想，在技术逐步发展之后已变为现实。

西方社会有个愚人节，在这一天里，人们可以任意取乐。某年，有人开心地说，如果把牛体内的基因移植到番茄上，咬一口通红的番茄，就会有香喷喷的牛肉味。猎奇的记者把这一戏言作为取悦人们的新闻报道出来。说者无意，听者有心。谁也没想到，一些科学家却认为这在理论上说得通，而且认真地进行了研究。加拿大生物学家丹·莱弗伯夫博士经过努力，成功地把哺乳动物体内的基因移植到植物上，造就了跨越动植物之间的基因移植。科学中的"理想现实"都包含着许多幻想类比因素，甚至古今中外思想家关于人类社会种种"理想模式"的想法，也包含着许多幻想类比因素。

练一练

1. 国家、政府、行政可类比（　　）。
   A. 公司、经理部、经理　　　　B. 野战军、作战部、参谋
   C. 董事会、经理部、职员　　　D. 总司令、军官、命令
2. 阳光、紫外线可类比于（　　）。
   A. 电脑、辐射　　　　　　　　B. 海水、氯化钠
   C. 混合物、单质　　　　　　　D. 微波炉、微波
3. 请指出下列案例运用了何种类比创新方法。
   （1）冰雕、沙雕和草雕。（　　）
   （2）空气负离子发生器。（　　）
   （3）通过对人手的模拟而发明的挖土机。（　　）
   （4）农机师观察机枪连射后发明了机枪式播种机。（　　）
   （5）美国麻省理工学院的谢皮罗教授发现，可以根据浴池水流旋向的原理预测台风旋向。（　　）
   （6）美国的阿塔纳索夫教授和他的学生贝利根据英国发明家巴贝治绘制出的通用数字计算机图样发明设计出计算机。（　　）

项目七　TRIZ 创新方法

学习目标

1. 了解 TRIZ 的起源与发展，认识发明的五个等级及其对发明级别划分的意义。

2. 掌握 TRIZ 的几个重要概念、理论体系和核心思想。

3. 掌握 TRIZ 的常用创新方法，包括最终理想解、金鱼法、鱼骨图分析法、九屏幕法、三轴分析法、STC 算子法和小人法。

4. 认识 TRIZ 的用途有哪些。

引导案例

BRT 免停车上下客系统

现在很多大城市都采用了 BRT 系统，BRT 有效弥补了常规公交速度慢、准点率低和路权等问题，但是仍然存在公交车进站制动停车引起能源浪费、运行效率低、管理成本高等问题。因此，设计一种免停车上下客公交系统具有重要的现实意义。

这种问题可采用 TRIZ 理论的物理矛盾模型来分析问题。一方面，公交车要满足顺利上下客，进站时就需要停车，并且要让乘客能安全地上车与下车，就需要公交车进站停车的时间越长越好；而另一方面，公交车进站停车的时间越长，能源和时间的无效损耗就越多，即为了降低能源和时间的无效损耗，就需要公交车进站停车的时间越短越好。因此，关于公交车进站停车就出现了"时间"这一参数的明显对立。这就是 TRIZ 理论的物理矛盾。

为了解决物理矛盾，TRIZ 理论提出可以采用时间分离、空间分离、条件分离和系统级别上的分离等分离方法。本方案采用空间分离方法，在空间上将相互矛盾的需求分离开，即考虑将传统的公交车从空间上分割为多个部分，某些部分满足"停车时间长"，其他部分满足"停车时间短"。按照这一思路，将传统公交车分割为乘客车、上客中转车和下客中转车三部分。站台主要由站台扶梯、中转站台、中转车铁轨及中转车供电系统等组成。

免停车上下客系统工作流程如下：第一步，当 BRT 公交车进站前，预上车的乘客进入上客中转车，与此同时，需要下车的乘客通过车内楼梯或电梯预先进入下客中转车，准备下车。第二步，当 BRT 公交车进站，安装在中转车铁轨进站口方向的到位传感器检测到下客中转车准确进入中转铁轨时，分离装置启动，下客中转车与乘客车自动分离，乘客车继续沿行车道前进，铁轨供下客中转车沿铁轨减速前行；与此同时，上客中转车启动，开始加速前行。当传感器检测到下客中转车减速运行到预定位置，系统自动控制下客中转车停车，开启车门下车。此时，下客中转车替代上客中转车，供下一批乘客上车中转用，因此站台铁轨上始终只需要一辆中转车。第三步，当下客中转车停车时，上客中转车已加速到和底层乘客车同步速度，并在预定位置与底层乘客车通过锁紧装置固定为一体，上下两层车在底层乘客车的驱动下沿着行车道自动行驶，直到下一站，又重复第一步骤。通过以上设计，满足了公交车进站不用停车就能顺利进行乘客上下的需求。

资料来源：向韵巧，《基于 TRIZ 的免停车上下客快速公交系统设计》。内容有删改。

任务一　TRIZ 概述

一、TRIZ 的起源与发展

20 世纪以来，随着科学技术的发展，发明问题的数量和复杂性都急剧增加，学者和工程师们迫切希望提高创新效率，在提高新想法的速度和增加创新方案的淘汰率两方面对试错法进行改进，由此催生了对创新理论和方法的分析研究。

1946年，年仅20岁的阿奇舒勒（Genrich. S. Altshuler）成为苏联里海舰队专利部的一名专利审查员，也就是从这时起，他有机会接触并对大量的专利进行分析研究。在研究中阿奇舒勒发现，发明是有一定规律的，掌握了这种规律有助于做出更多、更高级别的发明。从此，阿奇舒勒花费了将近50年的时间，揭示出隐藏在专利背后的规律，创立了TRIZ理论。TRIZ是俄文单词的缩写，含义是"发明问题解决理论"。TRIZ的中文直译"萃智"很形象。实际上，TRIZ就是从科学技术研究人员、工程师长期勤奋工作取得的发明创造成果中提取出的智慧精华。

学习TRIZ不能孤立地就其理论和应用案例去学，否则可能因专业知识面的狭窄或浅显而失去兴趣，应该结合前面讲的创新思维方法、结合自己熟悉的物品或问题、结合自己的专业，去学、去思考、去领悟、去发现。

在阿奇舒勒看来，人们在解决发明问题的过程中，所遵循的科学原理和技术进化法则是客观存在的。大量发明所面临的基本问题是相同的，其所需要解决的矛盾从本质上说也是相同的。同样的技术创新原理和相应的解决问题的方案，会在后来的一次次发明中被反复应用，只是所使用的技术领域不同而已。因此，将那些已有的知识进行整理和重组，形成一套系统化的理论，就可以用来指导后来者的发明和创造。正是基于这一思想，阿奇舒勒与科学家们一起，对数以百万计的专利文献和自然科学知识进行研究、整理和归纳，最终建立起一整套系统化的、实用的、解决发明问题的理论和方法体系（如图7-1所示）。

20世纪90年代初和中期，随着部分TRIZ研究人员移居到欧美等西方国家，TRIZ也系统地传入西方并引起学术界和企业界的关注。特别是在TRIZ传入美国后，密歇根州等地的学者成立了TRIZ研究咨询机构，继续对TRIZ进行深入的研究，使TRIZ得到了更加广泛的应用和发展。

2008年，国家科技部、发展改革委、教育部、中国科协联合发布了《关于加强创新方法工作的若干意见》，明确了创新方法工作的指导思想、

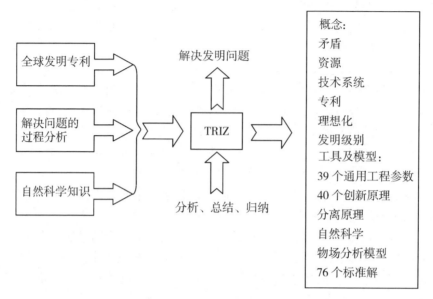

图 7-1　TRIZ 的内容和方法

工作思路、重点任务及其保障措施等。目前，全国已分批在各省（区、市）开展了以 TRIZ 理论体系为主的创新方法的推广应用工作。

二、发明的五个等级

人类历史上的许多发明成果，如爱迪生发明的电报机、电灯等，可以说为人类进步做出了巨大贡献。在现实生活中，发明创造形式多样、种类繁多，其质量、层次也各不相同，小到一个椅子的简单改进，大到一套科学理论的创建。专利本身在创新程度上也各不相同。在具体实现这些发明的过程中，基于它们各自的创新程度不同，对发明者在知识领域、经验、创新能力等方面的要求也各不相同。如要改进一个牙刷的手柄，只要了解产品设计、材料、加工技术就可以了；而要发明一个电动牙刷，则还需要掌握专业的电机、控制技术等。

通过深入分析和研究不同等级发明的特点，可以开发出面向不同等级的科学创新方法和软件工具。TRIZ 理论定义的五个发明等级按照创新程度见表 7-1。

　　第一级是最小型发明,指那种在产品的单独组件中进行少量的变更,这些变更不会影响产品系统的整体结构的情况。该类发明并不需要任何相邻领域的专门技术或知识。特定专业领域的任何专家依靠个人专业知识基本都能做到。利用试错法解决这样的问题通常只需要进行 10 次以下的尝试。例如,增加隔热材料,以减少建筑物的热量损失;将单层玻璃改为双层玻璃,以增加窗户的保温和隔音效果;用大型拖车代替普通卡车,以实现运输成本的降低。该类发明约占所有发明总数的 32%。

　　第二级是小型发明,指在解决技术问题时,对现有系统某一个组件进行改进,解决了技术矛盾的发明。这一类问题的解决,主要采用本专业内已有的理论、知识和经验,设计人员需要具备系统所在行业中不同专业的知识。解决这类问题的传统方法是折中法。这种发明能小幅度地提高现有技术系统的性能,属于小发明。利用试错法解决这样的问题通常需要进行 10~100 次尝试。例如,在气焊枪上增加一个防回火装置,把自行车设计成可折叠,把斧头的手柄做成空心以便存放钉子等。该类发明约占所有发明总数的 45%。

　　第三级是中型发明,指对已有系统的若干个组件进行改进,是解决了物理矛盾的发明。这一类问题的解决,需要运用本专业之外但在同一个学科以内的现有方法和知识,如用机械方法解决机械问题,用化学知识解决化学问题。可以用一些组合的物理效应来解决这类问题。如果系统中的一个组件彻底改变,就是很好的发明。例如,利用电动控制系统代替机械控制系统,汽车上用自动换挡系统代替机械换挡系统,在冰箱中用单片机控制温度等。这种发明能从根本上提升现有技术系统的性能,属于中级发明。利用试错法解决这样的问题通常需要进行 100~1000 次尝试。该类发明约占所有发明总数的 18%。

　　第四级是大型发明,一般是在保持原有功能不变的前提下,用组合的方法构建新的技术系统。通常是采用全新的原理来实现系统的主要功能,属于突破性的解决方案,能够全面升级现有的技术系统。系统原型中是存在矛盾的,这些矛盾通常是由其他科学领域中的方法来消除的,设计人员需要拥有来自不同科学领域的知识。需要多学科知识的交叉,主要是从科学底层的角度而不是从工程技术的角度出发，充分挖掘和利用科学知识、科学原理来实现发明。在解决第四级发明问题时所找到的原理通常可以用来解决属于第二级发明和第三级发明的问题。例如，内燃机替代蒸汽机，核磁共振技术代替B超和X光技术，世界上第一台内燃机的出现，集成电路的发明等。利用试错法解决这样的问题通常需要进行1000～10000次尝试。该类发明在所有发明中所占比例小于4%。

第五级是特大型发明，这种发明催生了全新的技术系统，推动了全球的科技进步。利用试错法解决这样的问题通常需要进行10万次以上的尝试。这里，问题的解决方法往往不在人们已知的科学范围内，是通过发现新的科学现象或新物质来建立全新的技术系统。就这类发明而言，首先是要发现问题，然后再探索新的科学原理来解决问题。本级发明中的低端发明为现代科学中许多物理问题的解决带来了希望。支撑这种发明的新知识为开发新技术提供了保证，使人们可以用更好的方法来解决现有的矛盾，使技术系统向最终理想迈进了一大步。一般的设计人员通常没有能力解决这类问题。这一类问题的解决，主要依据人们对自然规律或科学原理的新发现。例如，计算机、激光、晶体管、飞机等的首次发明。该类发明约占所有发明总数的1%甚至更少。

表7-1 发明的级别

发明级别	创新程度	所占比例	知识来源	试错次数
一	明确的结果	32%	个人的知识	1～10
二	局部的改进	45%	行业内的知识	10～100
三	根本的改进	18%	跨行业的知识	100～1000
四	全新的概念	4%	跨学科的知识	1000～10000
五	重大的发现	1%	最新的知识	10000～1000000

考虑发明级别必须立足于不同历史时期的发明创造对人类的认识水平和社会进步的促进。如晶体管发明于20世纪40年代，它使计算机的体积大大缩小，结构更加紧凑，是今天高度信息化的技术基础，因而属于第五级发明，同属于第五级发明的还有电话、收音机、冰箱、互联网等。一个

简单的杯子是一级发明。但对杯子从材料、功能等方面做出不同的改进，就可以达到从第二级到第四级发明。

三、发明级别划分的意义

阿奇舒勒认为，第一级发明过于简单，谈不上创新，不具有参考价值，它只是对现有系统的改善，并没有解决技术系统中的任何矛盾；第二级和第三级发明解决了矛盾，可以看作创新；第四级发明也改善了一个技术系统，但并不是解决现有的技术问题，而是用某种新技术代替原有技术来解决问题；第五级发明是利用科学领域发现的新原理、新现象推动现有技术系统达到一个更高的水平，它对于工程技术人员来说又过于困难，也不具有参考价值。

利用 TRIZ 能帮助工程技术人员解决第一级到第四级的发明问题，而第五级的发明无法利用 TRIZ 来解决。阿奇舒勒曾明确表示：利用 TR1Z 方法可以帮助发明家将其发明的级别提高到第三级和第四级水平。

阿奇舒勒认为，如果问题中没有包含矛盾，那这个问题就不是发明问题，或者说不是 TRIZ 问题。这就是判定一个问题是不是发明问题的标准。需要注意的是，第四级发明是利用以前在本领域中没有使用过的原理来实现原有技术系统的主要功能，属于突破性的解决方法。

"发明级别"对发明的水平、获得发明所需要的知识以及发明创造的难易程度等概念进行了量化。总体上，对"发明级别"有以下几方面的认识：

（1）发明的级别越高，完成该发明时所需的知识和资源就越多，这些知识和资源所涉及的领域就越宽，搜索所用知识和资源的时间就越多，因此就要投入更多、更大的研发力量。

（2）随着社会的发展、人类的进步、科技水平的提高，已有"发明级别"也会随时间的变化而不断降低。因此，原来级别较高的发明，逐渐变成人们熟悉和容易掌握的东西。而新的社会需求又不断促使人们去做更多的发明，生成更多的专利。

（3）对于某种核心技术，人们按照一定的方法论对该核心技术的所有专利按照年份、发明级别和数量做出分析以后，可以描绘出该核心技术的 S 曲线。S 曲线对于产品研发和技术的预测有着重要的指导意义。

（4）统计表明，第一、二、三级发明约占所有发明总数的 95%，这些发明仅仅是利用了人类已有的、跨专业的知识体系。由此，也可以得出一个推论，即人们所面临的 95% 的问题，都可以利用已有的某学科内的知识体系来解决。

（5）第四、五级发明只占所有发明总数的 5% 左右，却利用了整个社会的、跨学科领域的新知识。因此，跨学科领域的知识获取是非常有意义的工作。当人们遇到技术难题时，不仅要在本专业内寻找答案，也应当向专业外拓展，寻找其他行业和学科领域已有的、更为理想的解决方案，以求获得事半功倍的效果。人们从事创新，尤其是在进行重大的发明时，就要充分挖掘和利用专业外的资源，因为创新设计所依据的科学原理可能属于其他领域。

练一练

货运列车上装满了大圆木，检查员们都正满头大汗地测量每根圆木的直径，以准确计算出圆木体积。"看来得让火车推迟开出，"经理说，"今天我们无论如何都是测量不完的。""但是，火车必须在 5 分钟内开出，"站长说，"下一列火车正在等待着进站。"

如何解决这个问题？大家给出了很多建议，如让更多的人来进行测量；通过测量其中一根圆木的直径，数出圆木总数，相乘后估算总的体积；锯下每根圆木的一片，稍后进行测量等。但是以上所有的解决办法，都会带来其他问题。怎么做更好呢？

任务二 TRIZ 的主要内容

一、TRIZ 的几个重要概念

(一) 技术系统

所有运行某个功能的事物均可称为技术系统。任何技术系统又可包含若干子系统，每个子系统执行自身功能。TRIZ 中最简单的技术系统由两个元素及相互传递的能量组成。如技术系统"汽车"由"发动机""转向装置""刹车装置"等子系统组成，而"刹车装置"又由"踏板""液压油"等子系统组成。任何子系统的改变都会影响到更高层系统，因此在解决技术系统时，必须考虑其子系统和更高层系统之间的相互作用。技术系统中各个子系统之间的关系如图 7-2 所示。

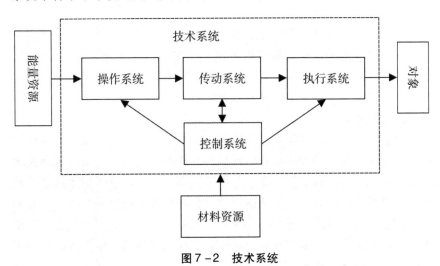

图 7-2 技术系统

与自然系统（如自然生态系统、天体系统等）相比，技术系统应该具有以下两个鲜明的特征：

（1）技术系统是一种"人造"系统。不同于自然系统，技术系统是人为了实现某种目的而创造出来的。因此，技术系统与自然系统的最大差别就是明显的"人为"特征。

（2）技术系统能够为人提供某种功能。技术系统是指人类为了实现某种功能而设计制造出来的一种人造系统。人之所以创造某种技术系统，就是为了实现某种功能。因此，技术系统具有明显的"功能"特征。在对技术系统进行设计、分析时，应该牢牢把握住"功能"这个概念。作为一种特殊的系统，技术系统符合系统的定义，具有系统的5个基本要素（输入、处理、输出、反馈和控制），也具有系统应该拥有的所有特性。

技术系统是相互关联的要素的集合。同时，各组成成分有其各自的特性，而它们的组合具有与其组成成分不同的特性，用于完成特定的功能。技术系统是由要素组成的，若组成系统的要素本身也是一个技术系统，即这些要素是由更小的要素组成，则称之为子系统。反之，若一个技术系统是较大技术系统的一个要素，则称较大系统为超系统。这是技术系统的层次性。

技术系统进化是指实现技术系统功能的各项内容，从低级向高级变化的过程。技术系统的进化过程可以描述为：新的技术系统在刚刚诞生时，往往是简单的、粗糙的和效率低下的。随着人类对其要求的不断提高，需要不断地对技术系统中的某个或某些参数进行改善。

（二）理想化

任何系统都是朝着理想化方向发展的，也就是向着更可靠、更简单有效的方向发展。系统的理想状态一般是不存在的，但当系统越接近理想状态，结构就越简单，成本就越低，效率就越高。理想化意味着系统或子系统中现有资源的最优利用。把所研究的对象理想化是自然科学的基本方法之一。理想化是对客观世界中所存在物体的一种抽象，这种抽象在客观世界里既不存在，也不能通过实验验证。理想化的物体是真实物体存在的一种极限状态，对于某些研究起着重要作用，如物理学中的理想气体、理想液体，几何学中的点与线等。TRIZ中的理想化是一种强有力的工具，它在创新过程中起着重要作用。

项目七 TRIZ 创新方法

1. 理想度

阿奇舒勒在研究中发现，所有的技术系统都在沿着增加其理想度的方向发展和进化。对于理想度（ideality）的定义，阿奇舒勒是这样描述的：系统中有益功能的总和与系统有害功能和成本的比率。

技术系统的理想度与有用功能之和成正比，与有害功能之和成反比，理想度越高，产品的竞争能力越强。可以说，创新的过程就是提高系统理想度的过程。因此，在发明创新中，应以提高理想度作为设计的目标。人类不断地改进技术系统，使其速度更快、更好和更廉价，本质就是提高系统的理想度。以理想度的概念为基础，引出了理想系统和最终理想解的概念。

每个技术系统之所以被设计、制造，就是为了提供一个或多个有用功能（useful function，UF）。一个技术系统可以执行多种功能，在这些有用功能中，有且只有一个最有意义的功能，这个功能是技术系统存在的目的，称为主要功能（primary function，PF），主要功能也被称为首要功能或基本功能。一个系统往往具有多个有用功能，但是到底哪个有用功能才是主要功能，就要具体问题具体分析。另外，为了使主要功能得以实现，或提高主要功能的性能，技术系统往往还会具有多个辅助性的有用功能，称为辅助功能（auxiliary function，AF）或称伴生性功能。同时，每个技术系统也会有一个或多个我们所不希望出现的效应或现象，称之为有害功能（harmful function，HF）。例如，坦克的主要功能是消灭敌人。同时，为了使这个主要功能得以实现，且能够更好地实现，坦克还需要防护、机动、瞄准、自动装弹等有用功能的辅助。在实现有用功能的同时，坦克在运行过程中也会引起空气污染，放出大量的热，产生振动，发出噪声，这些在 TRIZ 中都被看作有害功能。

对于一个技术系统来说，从它诞生的那一刻起，就开始了其进化的过程。在进化过程中，技术系统的具体表现为：在数量上，技术系统能够提供的有用功能越来越多，所伴生的有害功能越来越少；在质量上，有用功能越来越强，有害功能越来越弱。随着技术系统的进化，系统的理想度不断增大，最终趋向于无穷大。可以用以下 3 种方法来提高系统的理想度：

（1）增加有用功能。

(2) 降低有害功能或成本。

(3) 将上述（1）与（2）结合起来。

2. 理想系统

随着技术系统的不断进化，其理想度会不断提高。当技术系统的有用功能趋向于无穷大，有害功能为零、成本为零时，就是技术系统进行的终点。此时，由于成本为零，因此技术系统已经不再具有真实的物质实体，也不消耗任何的资源。同时，有用功能趋向于无穷大，有害功能为零，表示技术系统不再具有任何有害功能，且能够实现其应该实现的一切有用功能，这样的技术系统就是理想系统。在 TRIZ 中，理想系统是指作为物理实体并不存在，也不消耗任何的资源，但是却能实现所有必要功能的系统，即系统的质量、尺寸、能量消耗无限趋近于零，系统实现的功能趋近于无穷大。

理想系统只是一个理论上的、理想化的概念，是技术系统进化的极限状态，是一个在现实世界中永远也无法达到的终极状态。但是，理想系统就像北极星，为设计人员和发明家指出了技术系统进化的终极目标，是寻找问题解决方案和评价问题解决方案的最终标准。在现实世界中，设计人员和发明家的使命就是通过不断地改善系统的有用功能、消除有害功能和降低成本，使技术系统逐步向理想系统接近。

3. 最终理想解

产品创新的过程就是产品设计不断迭代，理想化的水平不断由低级向高级演化，无限接近理想状态的过程。设计人员不需要额外的花费就实现了产品的创新设计，这种状况称为最终理想结果。基于理想系统的概念而得到的针对一个特定技术问题的理想解决方案，称为最终理想解（ideal final result，IFR）。例如，高层建筑物玻璃窗的外表面需要定期清洗。目前，清洁工作需要在高层建筑物的外面进行，是一种高危险、高成本的工作，只有那些经过特殊培训和认证的"蛛人"才能够胜任。能不能在高层建筑物的内部对玻璃进行清洁呢？针对该问题，其最终理想解可以定义为：在不增加玻璃窗设计复杂度的情况下，在实现玻璃现有功能且不引入新的有害功能的前提下，玻璃窗能够自己清洁外表面。

最终理想解的实现可以这样表述：系统自己能够实现需要的动作，并

项目七 TRIZ 创新方法

且没有有害作用。通常，最终理想解的表述中需包含以下两个基本点：系统自己实现这个功能；没有利用额外的资源，并且实现了所需的功能。

最终理想解是从理想度和理想系统延伸出来的一个概念，是用于问题定义阶段的一种心理学工具，是一种用于确定系统发展方向的方法。它描述了一种超越了原有问题的限制或约束的解决方案，指出了在使用 TRIZ 工具解决实际技术问题时应该努力的方向。

最终理想解是针对一个已经被明确定义出来的问题所给出的一种最理想的解决方案。通过将问题的求解方向聚焦于一个清晰可见的理想结果，最终理想解为后续使用其他 TRIZ 工具来解决问题创造了条件。

最终理想解的确定和实现可以按下面提出的问题，分成 6 个步骤来进行：

(1) 设计的最终目的是什么？
(2) 最终理想解是什么？
(3) 达到最终理想解的障碍是什么？
(4) 出现这种障碍的原因是什么？
(5) 不出现这种障碍的条件是什么？
(6) 创造这些条件可用的资源是什么？

上述问题一旦被正确地理解并描述出来，问题也就得到了解决。当确定了创新产品或技术系统的最终理想解后，检查其是否符合最终理想解的特点，并进行系统优化，以确认达到或接近最终理想解为止。最终理想解同时具有以下 4 个特点：

(1) 保持了原系统的优点。
(2) 消除了原系统的不足。
(3) 没有使系统变得更复杂。
(4) 没有引入新的不足。

因此，设定了最终理想解，就是设定了技术系统改进的方向。最终理想解是解决问题的最终目标，即使理想的解决方案不能 100% 实现，但会引导研发人员得到巧妙和有效的解决方案。这个强有力的工具不仅可以用在 TRIZ 中，也可用于其他科学领域，它是研发人员确定理想目标的有效方法——如何在不增加系统复杂度的前提下得到所需的功能。

(三) 矛盾

矛盾又称冲突。TRIZ 认为，创新问题都至少包含一个矛盾的问题。当技术系统某个特性或参数得到改善时，常常会引起另外的特性或参数的恶化，这样的矛盾称为技术矛盾。解决技术矛盾问题的传统方法是在多个要求间寻求折中。而 TRIZ 则是努力寻求突破性方法消除技术矛盾。例如，改善了汽车的速度，导致了安全性发生恶化。这个例子中，涉及的两个参数是速度和安全性。

TRIZ 的另一类矛盾称为物理矛盾，是指系统同时具有相反要求的状态，解决物理矛盾的根本方法是分离。例如，飞机的机翼应该尽量大，以便在起飞时获得更大的升力，而飞机的机翼又应该尽量小，以便减少在高速飞行时的阻力；钢笔的笔尖应该细，以便用钢笔能够写出较细的文字，而钢笔的笔尖又应该粗，以避免锋利的笔尖将纸划破。可见，物理矛盾是对技术系统的同一参数提出相互排斥的需求时出现的一种物理状态。无论是对于技术系统的宏观参数，如长度、导电率及摩擦系数，还是对于描述微观量的参数，如粒子浓度、离子电荷及电子速度等，都可以对其中存在的物理矛盾进行描述。

通过对大量发明专利的研究，阿奇舒勒发现，真正的"发明"（指发明级别为第二、第三和第四级的专利）往往都需要解决隐藏在问题当中的矛盾。于是，阿奇舒勒规定是否出现矛盾是区分常规问题与发明问题的一个主要特征。由此我们可以简单地认为，如果问题中不包含矛盾，那么这个问题就不是一个发明问题（或 TRIZ 问题）。与一般性的设计不同，只有在不影响系统现有功能的前提下成功地消除矛盾，才能认为是发明性地解决了问题。也就是说，矛盾应该是这样解决的：在完善技术系统的某一部分或是优化某一参数的同时，其他部分的功能或其他参数不会受到影响。

案例 7-1

长江水面到底有多宽？

光绪十五年（1889 年），清末名臣张之洞调任湖广总督，谭继洵升任湖北巡抚。二人地位相当，个性都很要强，经常发生口角。一天，在武昌黄鹤楼举行公宴，相互敬酒。座中突然有人问到面前长江水面的宽度。张之洞说是七点三里，谭继洵说是五点三里。双方争得面红耳赤，谁也不肯服输，一时又无人判断谁是谁非。张之洞突然想起江夏（武昌）县令陈树屏，说他应该最了解，于是立刻派人去请。当陈树屏刚一进屋，张、谭两人便异口同声地请他回答长江水面宽度的问题。陈应声答道："水涨时是七点三里，水退后只有五点三里。二位说的都对。"张、谭听后都哈哈大笑，争辩立刻停了下来，两人重新把酒言欢。

陈树屏妙语解纷是一个典型的条件分离原理的应用：在当时的局面下，如果他附和张、谭任何一人的观点，无疑都会让另一人下不来台，甚至会引发更激烈的冲突。陈利用江面宽度在涨水、退水不同条件下的变化，消除了要求其非此即彼的关键矛盾，从而取得了双方认同的理想结果。

资料来源：http://tieba.baidu.com/p/5971028864? traceid =。内容有删改。

二、TRIZ的理论体系

（一）理论体系

阿奇舒勒在分析专利的过程中，从不同的角度，利用不同的分析方法对这些专利进行分析，总结出了多种规律。如果按照抽象程度由高到低进行划分，可以将经典TRIZ中的这些规律表示为一个金字塔结构（如图7-3所示）。

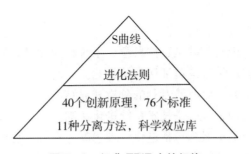

图7-3 经典TRIZ中的规律

随着TRIZ的不断发展和完善，TRIZ不仅增加了很多新发现的规律和方法，还从其他学科和领域中引入了很多新的内容，从而极大地丰富和完善了 TRIZ 的理论体系。TRIZ 的理论体系的表示如图 7-4 所示。

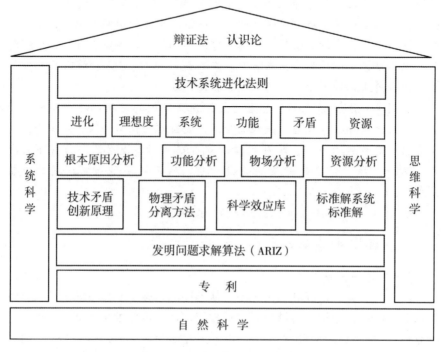

图 7-4　TRIZ 的理论体系结构

从图 7-4 中可以看出：

(1) TRIZ 的理论基础是自然科学、系统科学和思维科学。

(2) TRIZ 的哲学范是辩证法和认识论。

(3) TRIZ 来源于对海量专利的分析和总结。

(4) TRIZ 的理论核心是技术系统进化法则。

(5) TRIZ 的基本概念包括进化、理想度、系统、功能、矛盾和资源。

(6) TRIZ 的创新问题分析工具包括根本原因分析、功能分析、物场分析、资源分析和创新思维方法。

(7) TRIZ 的创新问题求解工具包括发明原理、分离方法、科学效应库、标准解系统和创新思维方法。

(8) TRIZ 的创新问题通用求解算法是发明问题求解算法（ARIZ）。

我们不必面面俱到地去学习每一项内容，我们需要做的是，面对大千世界，养成思考习惯，脑子里不断地问：最终理想解是什么？矛盾是什么？有什么可利用的资源？这三个问题是贯穿 TRIZ 的核心。现代 TRIZ 理论体系主要包括六个方面的内容。

1. 创新思维方法与问题分析方法

TRIZ 理论中提供了如何系统地分析问题的科学方法，如资源分析、功能分析方法等。对于复杂问题的分析，可使用包含了科学的问题分析建模的物场分析法。该分析法可以帮助我们快速确认核心问题，发现根本矛盾所在。

2. 技术系统进化法则

在大量专利分析的基础上，针对技术系统进化演变规律，TRIZ 理论总结提炼出 8 个基本进化法则。利用这些进化法则，可以分析确认当前产品的技术状态，并预测未来发展趋势，开发富有竞争力的新产品。

3. 技术矛盾解决原理

不同的发明创造往往遵循共同的规律。TRIZ 理论将这些共同的规律归纳成 40 个创新原理，针对具体的技术矛盾，可以基于这些创新原理，结合工程实际寻求具体的解决方案。

4. 创新问题标准解法

针对具体问题的物场模型的不同特征，分别对应不同的模型处理方法，包括模型的修整、转换、物质与场的添加等。

5. 发明问题解决算法（ARIZ）

主要针对问题情境复杂，矛盾及其相关部件不明确的技术系统。它是一个对初始问题进行一系列变形及再定义等的非计算性的逻辑过程，实现对问题的逐步深入分析，问题转化，直至问题的解决。

6. 基于工程学原理而构建的知识库

基于物理、化学、几何学等领域的数百万项发明专利的分析结果而构建的知识库可以为技术创新提供丰富的方案来源。

迄今为止，人类发明和正在应用的任何一个技术系统都必定依赖于人类已经发现的科学原理,因此,最基础的科学效应和科学现象是人类创造发明的不竭源泉。阿基米德定律、伦琴射线、超导现象、电磁感应、法拉第效应等都早已经成为我们日常生产和生活中各种工具和产品所采用的技术和理论。科学原理,尤其是科学效应和现象的应用,对发明问题的解决具有超乎想象的、强有力的帮助。

遇到一个发明问题,要想解决,必须头脑清晰地思考并想方设法地回答以下几个问题:想得到什么样的结果?问题的情况是什么样的?可以用什么方法去解决?这三个问题的回答,就是在利用TRIZ资源解决问题的流程(如图7-5所示)。

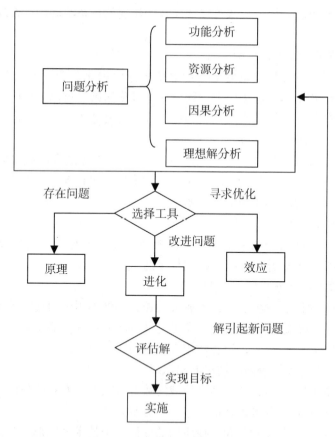

图7-5 TRIZ解决问题的流程

三、TRIZ 的核心思想

阿奇舒勒发现，技术系统进化过程不是随机的，而是有客观规律可以遵循的，这种规律在不同领域反复出现。TRIZ 的核心思想如下：

（1）在解决发明问题的实践中，人们遇到的各种矛盾以及相应的解决方案总是重复出现的。

（2）用来彻底而不是折中解决技术矛盾的创新原理与方法，其数量并不多，一般科技人员都可以学习、掌握。

（3）解决本领域技术问题最有效的原理与方法，往往来自其他领域的科学知识。

阿奇舒勒发现，"真正的"发明专利往往都需要解决隐藏在问题当中的矛盾。于是阿奇舒勒认为是否出现矛盾是区分常规问题与发明问题的一个主要特征。发明问题指必须至少解决一个矛盾（技术矛盾或物理矛盾）的问题。

由于 TRIZ 的来源是对高水平发明专利的分析，因此，人们通常认为 TRIZ 更适用于解决技术领域里的发明问题。目前，TRIZ 已逐渐由原来擅长的工程技术领域，向自然科学、社会科学、管理科学、生物科学等多个领域渗透，尝试解决这些领域遇到的问题。

练一练

1. 天体剧烈活动引起的时空扰动，好比在浩渺的宇宙中央投下一颗石子，历经 10 多亿年漫漫星系之旅，时空的涟漪最终与地球邂逅一秒。从 1916 年爱因斯坦的预言，到 2016 年 2 月首次确定探测到引力波信号，人类为了这一秒的相遇，苦苦探寻了百年。

请在网络中搜索近年来关于引力波的科学事件，以最形象的方法理解引力波，并了解引力波的预测来源，在引力波与理想化之间建立联系。

2. 举一些历史上科学假说的例子，结合 TRIZ 的理想化思想与方法，说明 TRIZ 最终理想解的方法对于解决发明问题的重要意义。

任务三 常用的 TRIZ 创新方法

常用的 TRIZ 创新方法有最终理想解、金鱼法、九屏幕法、STC 算子法、小人法等。由这五种创新方法解决发明问题的程序化过程如图 7-6 所示，组合应用的详细流程如图 7-7 所示。

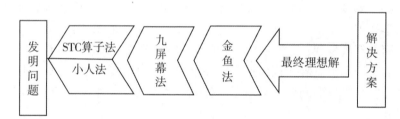

图 7-6　程序化过程

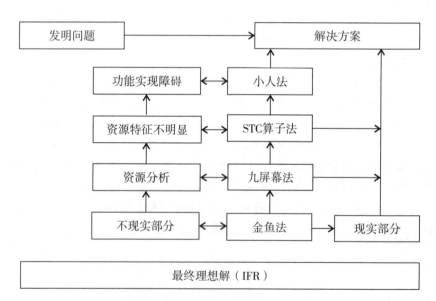

图 7-7　组合应用的详细流程

一、最终理想解

TRIZ 理论在解决问题之初,首先要抛开各种客观限制条件,通过理想化来定义问题的最终理想解(IFR),以明确理想解所在的方向和位置,保证在问题解决过程中沿着此目标前进并获得最终理想解,从而避免了传统创新设计方法中的目标缺乏,提升了创新设计的效率。虽然无法达到最终理想解,但是它能给问题的解决指明方向,也有助于克服思维惯性。

TRIZ 中的系统理想化按照理想化涉及的范围大小,分为部分理想化和全部理想化这两种方法。在技术系统创新设计中,首先考虑部分理想化,当所有的部分理想化尝试失败后,才考虑系统的全部理想化。

(一)部分理想化

部分理想化是指在选定的原理上,考虑通过各种不同的实现方式使系统理想化。部分理想化是创新设计中最常用的理想化方法,贯穿于整个设计过程中。

部分理想化常用到以下 6 种模式:

1. 加强有用功能

通过优化提升系统参数、应用高一级进化形态的材料和零部件、给系统引入调节装置或反馈系统,让系统向更高级进化,获得有用功能作用的加强。

2. 降低有害功能

通过对有害功能的预防、减少、移除或消除,降低能量的损失、浪费等,或采用更便宜的材料、标准件等。

3. 功能通用化

应用多功能技术,增加有用功能的数量。比如手机还包含了播放器、收音机、照相机、掌上电脑、支付等通用功能,功能通用化后,系统获得理想化提升。

4. 增加集成度

集成有害功能,使其不再有害或有害性降低,甚至变害为利,以减少有害功能的数量,节约资源。

5. 个别功能专用化

功能分解，划分功能的主次，突出主要功能，将次要功能分解出去。比如，近年来汽车制造划分越来越细，元器件、零部件制造交给专业厂家生产，汽车厂家只进行开发设计和组装。

6. 增加柔性系统

柔性的增加，可提高其适应范围，有效降低系统对资源的消耗和空间占用。比如，以柔性设备为主的生产线越来越多，以适应当前市场变化和个性化定制的需求。

（二）全部理想化

全部理想化是指对同一功能，通过选择不同的原理使系统理想化。全部理想化是在部分理想化尝试失败无效后才考虑使用。全部理想化主要有以下4种模式：

1. 功能的剪切

在不影响主要功能的条件下，剪切系统中存在的中性功能及辅助功能，使系统简单化。

2. 系统的剪切

如果通过利用内部和外部可用的或免费的资源后可省掉辅助子系统，就能够大大降低系统的成本。

3. 原理的改变

为简化系统或使过程更为方便，可通过改变已有系统的工作原理能达到目的，获得全新的系统。

4. 系统换代

依据产品进化法则，当系统进入衰退期，需要考虑用下一代产品来替代当前产品，完成更新换代。

（三）理想化设计

理想化设计可以帮助设计者跳出传统问题解决办法的思维圈子，进入超系统或子系统寻找最优解决方案，因为理想设计常常打破传统设计中自以为最有效的系统。

理想设计和现实设计之间的距离从理论上讲可以缩小到零，这距离取决于设计者是否具有理想设计的理念，是否在追求理想化设计。虽然两者仅一词之差,但设计结果却存在着天壤之别。

案例 7-2

农场养兔子的难题

农场主有一大片农场,养着大量的兔子。兔子需要吃新鲜的青草,但是农场主不希望兔子跑得太远而照看不到。现在的难题是,农场主不愿意也不可能花费大量的资源割草运回来喂兔子。这个难题如何解决?应用上面的方法,分析并提出最终理想解。

(1) 设计的最终目的是什么?

兔子能够吃到新鲜的青草。

(2) 理想解是什么?

兔子永远自己吃到青草。

(3) 达到理想解的障碍是什么?

为防止兔子走得太远照看不到,农场主用笼子来养兔子,养兔子的笼子不能移动。

(4) 出现这种障碍的结果是什么?

由于笼子不能移动,可被兔子吃到草的笼下草地面积有限,草在短时间内就被吃光了。

(5) 不出现这种障碍的条件是什么?创造这些条件存在的可用资源是什么?其他领域有类似的解决办法吗?

当兔子吃光笼子下的草时,笼子移动到另一块有青草的草地上,可用资源是兔子。

解决方案:给笼子装上轮子,兔子自己推着笼子移动,去不断地获得草。

资料来源:卢尚工、梁成刚、高丽霞,《创新方法与创新思维》。内容有删改。

二、金鱼法

(一) 金鱼法概念

金鱼法的名称源自俄罗斯普希金的童话故事《金鱼与渔夫》。故事描述了渔夫的愿望通过金鱼变成了现实,映射金鱼法是让幻想变为现实的寓意。金鱼法是从幻想式解决构想中区分现实和幻想的部分,然后再从解决结构的幻想部分分出现实与幻想两部分。这样的划分不断地反复进行,直到确定问题的解决构想能够实现时为止。金鱼法的步骤如图7-8所示。金鱼法有助于将幻想式的解决构想转变成切实可行的构想:

(1) 将问题分为现实和幻想两部分。
(2) 问题1:幻想部分为什么不现实?
(3) 问题2:在什么条件下幻想部分可变为现实?
(4) 列出子系统、系统、超系统的可利用资源。

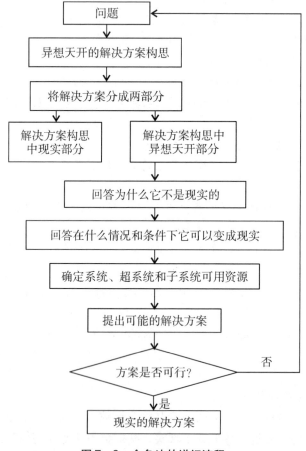

图7-8 金鱼法的详细流程

项目七　TRIZ 创新方法

案例 7-3

会飞的魔毯

埃及神话故事中会飞的魔毯曾经引起人们无数遐想，可现实生活中会有这样的魔毯吗？

（1）问题：如何能让毛毯飞起来？

将问题分为现实和幻想两部分。

现实部分：毯子是存在的。

幻想部分：毯子能飞起来。

（2）幻想部分为什么不现实？

毯子比空气重，而且它没有克服地球引力的作用力。

（3）在什么情况下幻想部分可变为现实？

施加到毯子上的向上的力超过毯子自身的重力；毯子的重量小于空气的重量；地球引力消失，不存在。

（4）列出所有可利用资源。

超系统：空气、风、高能质子流、地球引力、阳光、来自地球的重力。

系统：毯子、形状、重量。

子系统：毯子中交织的纤维。

（5）利用已有资源，基于之前的构想考虑可能的方案。

方案一：毯子的纤维与太阳释放的微中子流相互作用可使毯子飞。

方案二：毯子比空气轻。

方案三：毯子在不受地球引力的宇宙空间。

方案四：毯子上安装了提供反向作用力的发动机。

方案五：毯子由于下面的压力增加而悬在空中（气垫毯）。

方案六：磁悬浮。

（6）选择构想中的不现实方案，再次回到第一步。

选择不现实的方案二，重复以上步骤。

分为现实和幻想两部分。

现实部分：存在着重量轻的毯子，但它们比空气重。

幻想部分：毯子比空气轻。

为什么毯子比空气轻是不现实的？

制作毯子的材料比空气重。

在什么条件下毯子会比空气轻？

制作毯子的材料比空气轻，毯子像尘埃微粒一样大小，作用于毯子的重力被抵消。

结合可利用资源，考虑可行的方案：采用比空气轻的材料制作毯子；使毯子与尘埃微粒的大小一样，其密度等于空气密度，毯子由于空气分子的布朗运动而移动；在飞行器内使毯子飞翔，飞行器以相当于自由落体的加速度向下运动，以抵消重力。

哈佛大学的马哈德温教授成功展示了一个纸币大小的毯子在空中飞行。经计算，101.6毫米长、0.1毫米厚的毯子飘浮在空中需要每秒振动大约10次，振幅大约为0.25毫米。圣安德鲁大学的利昂哈特教授已经找到转变这种现象（即卡西米尔力）的方法，就是用排斥代替相互吸引，这将使摩擦力更小的微型机器的一部分悬浮在空中。原则上相同的效果能让更大的物体甚至是一个人漂浮起来，再次让魔毯向现实迈进一步。

资料来源：卢尚工、梁成刚、高丽霞，《创新方法与创新思维》。内容有删改。

三、鱼骨图分析法

鱼骨图是由日本管理学者石川馨创建的，故又名石川图。这是一种发现问题"根本原因"的方法，也可以称为因果图。鱼骨图分析法把问题以及原因以类似鱼骨的图样串联起来，鱼头是问题点，鱼骨则是原因，而鱼骨又可分为大鱼骨、小鱼骨、细鱼骨，小鱼骨是大鱼骨的支骨，细鱼骨又是小鱼骨的支骨，必要时，还可以再细分下去。大鱼骨是大方向，小鱼骨是大方向的子因，而细鱼骨则是子因的子因。

鱼骨图分析法与头脑风暴法相结合是比较有效的寻找问题原因的方法之一。根据不同类型，可以有不同的鱼骨图模板（如图7-9所示）。

对于列举出来的所有可能的原因，还要进一步评价这些原因发生的可能性，用V（非常可能）、S（有些可能）和N（不太可能）等3种类型来标志。

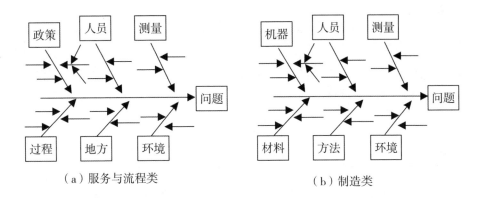

图7-9 两种类型的鱼骨图模板

对标有V和S的原因，评价其解决的可能性，用V（非常容易解决）、S（比较容易解决）和N（不太容易解决）等3种类型来标志。

对标有VV、VS、SV、SS的原因，进一步评价其验证的难易度，用V（非常容易验证）、S（比较容易验证）和N（不太容易验证）等3种类型来标志。

为了全面了解上述各个方面，可以通过表7-2所示的鱼骨图分析评估表将以上内容合并到一起。

表7-2 鱼骨图分析评估

序号	因素	发生可能性			解决可能性			验证难易度		
		V	S	N	V	S	N	V	S	N
1										
2										
3										
4										
5										
6										

续表 7-2

序号	因素	发生可能性			解决可能性			验证难易度		
		V	S	N	V	S	N	V	S	N
7										
8										
9										
10										

通过上述评价，将 VVV、VVS 等原因在鱼骨图中标识出来。图 7-10 为由"××研究所项目管理水平低下"所绘制的鱼骨分析图，在经过上述三方面评价以后，将比较容易解决的方面直接在图 7-10 中标识出来。

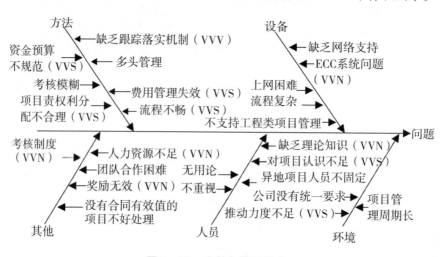

图 7-10　完整鱼骨图样式

四、九屏幕法

1. 九屏幕法概念

九屏幕法（多屏操作）是系统思维的方法之一，是 TRIZ 理论用于进行系统分析的重要工具,可以很好地帮助使用者进行超常规思维,克服思维惯性,被阿奇舒勒称为"天才思维九屏图"。

九屏幕法能够帮助人们从结构、时间以及因果关系等多维度对问题进行全面、系统的分析。使用该方法分析和解决问题时,不仅要考虑当前系统,还要考虑它的超系统和子系统,不仅要考虑当前系统的过去和未来,还要考虑超系统和子系统的过去和未来。简单地说,九屏幕法就是以空间为纵轴,考察"当前系统"及其"组成"(子系统)和"系统的环境与归属"(超系统);以时间为横轴,考察上述3种状态的"过去""现在"和"未来"。这样就构成了一个九屏幕图解模型,如图7-11所示。

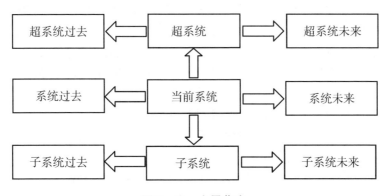

图 7-11 九屏幕法

当前系统是指正在发生当前问题的系统,或是指当前正在普遍应用的系统。当前系统的子系统是构成技术系统之内的低层次系统,任何技术系统都包含一个或多个子系统。底层的子系统在上级系统的约束下起作用,底层的子系统一旦发生改变,就会引起高级系统的改变。当前系统的超系统是指技术系统之外的高层次系统。

当前系统的过去是指发现当前问题之前该系统的状况,包括系统之前运行的状况、其生命周期各阶段的情况等。通过对过去事情的分析,找到当前问题的解决办法,从而减少其有害作用。

当前系统的未来,是指发现当前系统有这样的问题之后该系统将来可能存在的状况,根据将来的状况,寻找当前问题的解决办法,从而减少、消除其有害作用。

当前系统的"超系统的过去"和"超系统的未来",是指分析发生问题之前和之后超系统的状况,并分析如何改变这些状况来防止或减弱问题的有害作用。

当前系统的"子系统的过去"和"子系统的未来",是指分析发生问题之前和之后子系统的状况,并分析如何改变这些状况来防止或减弱问题的有害作用。

2. 九屏幕法的主要作用与使用步骤

九屏幕法的主要作用是帮助我们查找解决问题所需的资源,因此它又形象地被称为"资源搜索仪"。常言道"巧妇难为无米之炊",解决任何问题都需要使用资源。有些资源以显性形式存在,一般人都能发现并利用,这类资源叫作"显性资源"。有些资源则以隐性形式存在,一般人不易发现,也就谈不上利用,这类资源叫作"隐性资源"。一个人的创新能力常常取决于他发现和利用资源的能力。

利用九屏幕法查找资源的思路与步骤如下:

(1) 从系统本身出发,考虑可利用的资源。

(2) 考虑子系统和超系统中的资源。

(3) 考虑系统的过去和未来,从中寻找可利用的资源。

(4) 考虑子系统和超系统的过去和未来。

案例 7-4

密封药瓶

当密封一个玻璃药瓶时,要把火苗对准瓶口,在火苗作用下药瓶被密封了,可因过度受热,药瓶里面的药液会变质。如何解决这个问题呢?

应用九屏幕法进行分析,首先要把密封药瓶的工艺流程、使用材料、工作环境等相关因素以"药液九屏幕模型"的形式表示,如图 7-12 所示。

根据"九屏幕模型"的结构体系与显示出的资源,我们就可以有序地分析各种可能的解决方案,再根据 IFR 思想确定理想解即可。

(1) 利用子系统资源,有以下可能的解决方案:①通过改变药瓶的

| 项目七　TRIZ 创新方法 |

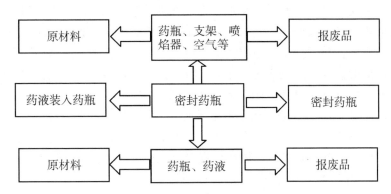

图 7-12　应用九屏幕法分析密封药瓶

材料特性，使药液免于受热；②通过改变药品与药瓶材料之间的相互作用，防止药瓶的热传至药液。

（2）利用超系统资源，有以下可能的解决方案：①通过改变药瓶在支架上的放置方式，使瓶口散走药瓶多余的热量；②通过改进支架的形状，防止药瓶过度受热；③使用喷焰器的气体冷却药品。

（3）从系统过去状态来考虑，有以下可能的解决方案：药液装入药瓶时，预先对药液实施冷却。

（4）从系统未来发展的角度，有以下可能的解决方案：寻找包装药品的新方法，使药瓶的密封没有必要，或不再使用火焰高温密封。

资料来源：卢尚工、梁成刚、高丽霞，《创新方法与创新思维》。内容有删改。

五、三轴分析法

面对复杂纷繁的创新问题，如何理清分析的思路，着手开展有效的分析过程？在这个方面，三轴分析法是较好的分析手段。所谓"三轴"，是指问题的因果轴、操作轴和系统轴。开展三轴分析，通过找原因、找方向、找资源，可以帮助研究者：

（1）发现问题产生的根本原因。

（2）寻找解决问题的"薄弱点"。

（3）分析解题资源，降低解决问题的成本。

任何结果必有其原因。通常，为了解决某个实际已经发生的问题，或者是防止某种不太严重的问题升级到无法接受的程度，我们不断寻找问题发生的原因，并发掘整个原因链，分析原因之间的关系，找到根本原因或容易解决的原因，直接或间接地提出解决方案。我们可以通过各种方法来进行原因轴分析，例如，用"五个为什么"从逻辑上分析原因之间的关系，用"鱼骨图"帮助结构化地思考原因，避免漏掉一些原因。

在发掘整个因果链时，需要注意原因轴的结束条件，防止过度发掘带来成本以及效率的降低。一般在出现以下三种情况时，即可终止：

（1）当不能继续找到下一层的原因时。

（2）当达到自然现象时。

（3）当达到制度法规、权利、成本等极限时。

另外，对于因果轴的分析，除了原因轴之外，还需要对结果轴进行分析。结果轴是不断推测问题蔓延的结果，用于了解可能造成的影响，寻找可以控制原因发生和蔓延的时机和手段。结果轴对于防止某种不太严重的问题升级到无法接受的程度有着突出的意义。结果轴在遇到以下几种情况时也可以结束：

（1）当不能继续找到下一层的结果时。

（2）当达到重大人员、经济、环境损失时。

（3）当达到技术系统的可控极限时。

因果轴分析可以发现产生问题的根本原因，并发现问题的产生和发展链中的"薄弱点"，为解决问题寻找入手点。对于原因和结果的描述应该与功能描述对应起来，需要对应到参数，而功能主要是通过相互作用来体现。

六、STC 算子法

（一）STC 算子法的概念

STC 算子法是一种日常简单的工具，它以极限的想象系统来打破思维定式，其三个字母的含义分别为：

（1）S 为 size，代表尺度。

（2）T 为 time，代表时间。

(3) C 为 cost，代表成本。

STC 算子法控制这三个因素的变化来找出相应的解决办法。如把系统想象为很小（甚至不存在），思考如何来建立这样的系统，会遇到哪些难题，它会带来什么益处。然后在相反的极限上想象系统，即想象系统无限大，并思考如何来建立这样的系统，会遇到哪些难题，它会带来什么益处。

同样，可以针对时间（瞬间发生，或者要花费无限长的时间）和成本（系统免费，或者要花费无限多的资金）来实行此类想象。尽管工具很简单，但它却可帮助我们真实地看待系统，找出想从系统中得到的东西，并且非常有效。另外，它还有助于排除所有虚假的约束条件。

STC 算子法是一种让我们的大脑进行有规律的、多维度思维的发散方法，比一般的发散思维和头脑风暴能更快地得到我们想要的结果。

（二）使用 STC 算子法的步骤与原则

STC 算子法是将尺寸、时间和成本因素进行一系列变化的思维实验，其分析过程如下：

1. 明确研究对象现有的尺寸、时间和成本

（1）想象其尺寸逐渐变大以至于无穷大（$S \to \infty$）时会怎样。

（2）想象其尺寸逐渐变小以至于无穷小（$S \to 0$）时会怎样。

（3）想象其作用时间或运动速度逐渐变大以至于无穷大（$T \to \infty$）时会怎样。

（4）想象其作用时间或运动速度逐渐变小以至于无穷小（$T \to 0$）时会怎样。

（5）想象其成本逐渐变大以至于无穷大（$C \to \infty$）时会怎样。

（6）想象其成本逐渐变小以至于无穷小（$C \to 0$）时会怎样。

2. 使用 STC 算子法要注意的问题

（1）每个想象实验要分步递增、递减，直到进行到物体新的特性出现。

（2）不可以在还没有完成所有想象实验时，因担心系统变得复杂时而提前终止。

（3）使用成效取决于主观想象力、问题特点等情况。

(4) 不要在试验的过程中尝试猜测问题最终的答案。

案例 7-5

苹果采摘

使用活动梯来采摘苹果是最常见的方法，这种方法劳动量大、效率低。如何让采摘苹果变得更加方便、快捷和省力呢？

我们应用 STC 算子法沿着尺寸、时间、成本三个维度来做发散思维尝试。可能的改进方案如下：

(1) 假设苹果树的尺寸趋于零高度，种植低矮苹果树。
(2) 假设苹果树的尺寸趋于无穷高，整形成梯子形树冠。
(3) 假设收获的时间趋于零，苹果树即种即收。
(4) 假设收获的时间不受限制，苹果自由掉落。
(5) 假设收获的成本费用要求很低，苹果自由掉落。
(6) 如果收获的成本费用不受限制，研制苹果采摘机器人。

资料来源：卢尚工、梁成刚、高丽霞，《创新方法与创新思维》。内容有删改。

七、小人法

小人法是一种极好的工具，它可以打破技术或专业术语导致的思维定式，并可用于微观级别上分析系统。

当系统内的组件不能完成其必要的功能，并表现出相互矛盾的作用时，用一组小人来代表这些不能完成特定功能的部件，通过能动的小人，实现预期的功能。然后，根据小人模型对结构进行重新设计。应用小人法的步骤如下：

(1) 将对象中的各个部分想象成一群群的小人（当前怎样）。
(2) 根据问题的条件对小人进行分组（分组）。
(3) 研究得到的问题模型（有小人的图），并对其进行改造，以便解决矛盾（该怎样打乱重组）。
(4) 将小人固化成所需功能的组件，小人模型过渡到技术解决方案（变成怎样）。

使用小人法的常见错误：画一个或几个小人，不能分割重组；画一张图,无法体现问题模型与方案模型的差异。

案例 7-6

如何快速接通电路

过去,在进行采矿作业时,通常 2 分钟内有 10 次爆破,操作员有足够的时间用传爆管手动将电路接通。采矿作业采用新方法之后,需要在 0.6 秒的时间内,依次闭合 40 个触合器。同时,每一次爆破之间的时间间隔也不同。例如第二次爆破必须在第一次爆破 0.01 秒后发生;第三次在第二次的 0.02 秒之后,依此类推。实施精度必须达到正负 0.001 秒。

有人提议:将接点置于圆柱体中,用一个球接通接点。但是,当球滑过或者被卡住时,都会导致不能正常发生爆炸。怎么办?

小人法的应用步骤如下:

第一步,分析系统和超系统的构成。

系统的构成:圆柱体、接点、金属球。

超系统:触发按钮、人等。

第二步,确定系统存在的问题或者矛盾。

系统中存在的问题是将接点置于圆柱体中,用一个金属球接通接点,但是当球滑过或者被卡住(金属球的大小矛盾)时,都会导致不能正常发生爆炸。

第三步,建立问题模型。

描述系统组件的功能(见表 7-3);用小人描述问题,并进行分组。

表 7-3 组件的功能

序号	组件名称	功能
1	圆柱体	支撑或固定接点
2	接点	连接金属球
3	金属球	接通接点

第四步,建立方案模型。

对问题小人模型进行改造,以达到所需功能。

第五步,从解决方案模型过渡到实际方案。

根据解决方案模型,最后将爆破装置制成接点自上而下逐渐收缩,而将金属球改为由一系列由大到小且能与接点一一对应的金属圆环形状,成功地解决了难题。

资料来源:卢尚工、梁成刚、高丽霞,《创新方法与创新思维》。内容有删改。

练一练

1. 水杯是人们经常使用的喝水器具,所有的人都在使用。据统计,我国有50%左右的人有喝茶的习惯,而普通的水杯不能满足人喝茶的需要。问题在于利用普通水杯喝茶时,茶叶和水的混合物通过水杯的倾斜,会同时进入口中,影响人们的正常喝水。应该怎么办呢?在解决水和茶叶分离的同时,又产生了新的问题,当过滤网的孔太大时,茶叶容易和水同时出去,当过滤网的孔太小时,水下流的速度变慢,开水容易溅出,造成对人体的烫伤。又该怎么办?应用小人法提出解决方案。

2. 割草机在工作中会产生很大的噪声,如何解决这个问题?请应用IFR分析提出解决方案。

3. 运动员在普通游泳池进行游泳训练需要反复掉头转弯,若能单向、长距离游泳会提高训练效果,但是这样就需要建造像河流一样的超大型游泳池,不仅造价高,占地面积也不允许。请应用金鱼法思考并提出解决方案。

4. 请应用金鱼法设想如何用空气赚钱。

5. 现需要测量动物园里毒蛇的长度,这种毒蛇攻击性很强,人不能靠近。动物保护组织也在关注这个事情,因此不能为了研究而伤害它。请用九屏幕法分析并提出解决方案。

任务四 TRIZ 的用途

用 TRIZ 做什么?这是学习者首先应该明确的问题。TRIZ 理论是知识和实践经验规律性的总结:TRIZ 是方法,因为它可以解决发明创造中出现的问题；TRIZ 是工具，因为它可以针对不同的问题在不同的领域中使用。

TRIZ 是基于知识的理论和方法，它所用的知识是从全世界范围内的专利中抽取出来的，而且 TRIZ 仅采用为数不多的基于产品进化趋势的客观启发式方法。更重要的是，来源于专利技术成果的知识具有极强的实用性和实践性。因此，TRIZ 作为方法应用在创新活动中也具有非常明确的针对性和有效性。此外，TRIZ 大量采用了自然科学及工程中的效应知识，即自然界的一些因果现象。

基于以上原因，利用 TRIZ 理论，设计者能够系统地分析问题，快速找到问题的本质或者事物存在的矛盾。实践证明，运用 TRIZ 理论，可大大加快人们创造发明的进程而且能得到高质量的创新产品。

借助 TRIZ，创新者更容易打破思维定式，拓宽解题思路，准确发现产品设计制造中需要解决的问题，更换分析问题的视角。根据技术进化规律预测产品未来发展趋势，明确创新方向，找到具有创新性的问题解决方案，从而缩短发明创造的周期，提高创新效率。图 7-13 是利用 TRIZ 解决发明问题的基本过程。

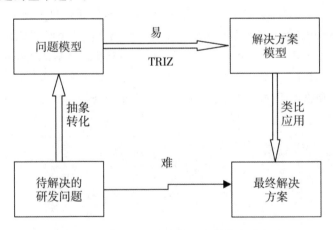

图 7-13　TRIZ 解决发明问题的基本过程

在现实生活中，TRIZ 理论的应用是普遍的。可以说任何一个系统的运行，发挥功能，都包含着 TRIZ 原理。尽管并不是每个发明者都精通 TRIZ，借助了 TRIZ 理论来完成发明工作，但我们仍可以利用身边的物品实例来学习 TRIZ，建立一种思维，为以后进行真正的发明创造工作做方法和工具的积累。

TRIZ 中的发明原理是由专门研究人员对不同领域的已有创新成果进行分析、总结，得到的具有普遍意义的经验，这些经验对指导各领域的创新都有重要参考价值。常用的发明原理有 40 个，实践证明这些原理对于指导设计人员的发明创造具有重要的作用。当找到确定的发明原理以后，就可以根据这些发明原理来考虑具体的解决方案。应当注意尽可能将找到的原理都用到问题的解决中去，不要拒绝采用任何推荐的原理。若所有可能的原理都不满足要求，则应该对矛盾重新定义并再次求解。

例如，在家庭和车辆上广泛使用的推拉门，开门时直接把门推进墙内的空隙，而不是把门推到外面或里面占据较大的空间。它利用了 TRIZ 的创新原理——嵌套原理。百叶窗、餐盒等都包含创新原理的内容。

练一练

1. 漏斗出口为什么设计成不对称的斜面？
2. 日常生活中还有哪些不对称的例子？它们的作用是什么？
3. 一个船长要从加拿大乘雪橇前往阿拉斯加，一个叫"倒霉蛋"的团伙给他买了一只"鹿"和一条"狗"，但他实际收到的不是鹿和狗，所谓的"鹿"实际是牛，"狗"是狼。这个船长并没有被难住，他变害为利，巧妙地利用牛和狼之间的矛盾关系，顺利完成了旅行任务。他是怎么做的呢？

项目八　TRIZ 中的矛盾及其解决方法

学习目标

1. 了解 TRIZ 中的矛盾。

2. 掌握 39 个通用工程参数和 40 个发明原理。

3. 掌握如何利用矛盾矩阵求解技术矛盾，结合实际问题分析技术系统、定义技术矛盾和解决技术矛盾。

4. 了解什么是物理矛盾，掌握技术矛盾与物理矛盾的关系。

5. 掌握四种分离方法，即时间分离、空间分离、条件分离和系统级别上的分离。

6. 掌握如何利用分离方法求解物理矛盾，如何将技术矛盾转化为物理矛盾，如何用发明原理解决物理矛盾。

引导案例

坦克装甲的改进

在第一次世界大战中，英军为了突破敌方由机枪火力点、堑壕、铁丝网组成的防御阵地，迫切需要一种将火力、机动、防护三方面结合起来的新型进攻性武器。1915 年，英国制造出了世界上第一辆坦克——"小游民"坦克。

1916 年 9 月，英军在索姆河战役中首次使用坦克来配合步兵进攻，使久攻不下的德军阵地一片混乱，而英军士气得到极大的鼓舞。这场战役使各个国家认识到了坦克在战场上的价值，于是纷纷开始研发并装备坦克,将其作为阵地突破的重型器械。同时,各国也开始寻求能够有效摧毁这种新式武器的方法,并开发出了相应的反制兵器。在以后的战争中,随着坦克与反坦克武器之间较量的不断升级,坦克的装甲越做越厚。到第二次世界大战末期,坦克装甲的厚度已经由第一次世界大战时的十几毫米变为一百多毫米,其中德国"虎Ⅱ"式重型坦克重点防护部位的装甲厚度达到了180毫米。

随着坦克装甲厚度的不断增加,坦克的战斗全重也由最初的7吨多迅速增加到将近70吨。重量的增加直接导致了速度、机动性和耗油量等一系列问题的出现。装甲的厚度与坦克的战斗全重这两个参数,就构成了一对技术矛盾。

资料来源:李瑞星、周苏,《大学生创新思维与创新方法》。内容有删改。

任务一 TRIZ 中的矛盾

现实生活中,人们用"矛盾"比喻相互抵触、互不相容的关系,生活实践中存在大量的矛盾。通过对大量发明专利的研究,阿奇舒勒发现,真正的"发明"(指发明级别为第二级、第三级和第四级的专利)往往都需要解决隐藏在问题当中的矛盾。于是,阿奇舒勒认为,是否出现矛盾(又称为"冲突",冲突是必须解决的矛盾)是区分常规问题与发明问题的一个主要特征。与一般设计不同,只有在不影响系统现有功能的前提下成功地消除矛盾,才能认为是发明性地解决了问题。也就是说,矛盾应该是这样解决的:在完善技术系统的某一部分或者优化某一参数的同时,其他部分的功能或其他参数不会被影响。

矛盾是 TRIZ 的基石。矛盾可以帮助我们更快、更好地理解隐藏在问题背后的根本原因,找到解决问题的方法。通常,对于包含矛盾的问题来说,人们最爱使用的解决方法就是折中(妥协),这是由人们的思维特性所决定的。在人们的潜意识当中,奉行的简单逻辑就是避免出现矛盾的情况,其结果是矛盾的双方都无法得到满足,系统的巨大发展潜力被矛盾禁

项目八 TRIZ 中的矛盾及其解决方法

锢了。面对包含矛盾的问题，TRIZ 就是我们所需要的思维方法，它的出发点是从根本上解决矛盾。TRIZ 建议我们不要回避矛盾，相反地，是要找出矛盾并激化矛盾，最终解决矛盾。

案例 8-1

三个火枪手

大仲马在小说《三个火枪手》中，描述了普托斯是如何在裁缝店定制新装的。普托斯不允许裁缝接触他的身体，裁缝无法量体，僵持之中，剧作家莫里哀来到了裁缝店。莫里哀将普托斯带到镜子前，然后让裁缝对着镜子里的普托斯进行测量，一个两难的问题得到了解决。

资料来源：杨清亮，《发明是这样诞生的：TRIZ 理论全接触》。内容有删改。

如何将隐藏在问题中的矛盾抽取和定义出来，是一项复杂而困难，但又无法回避的问题。TRIZ 中的矛盾可以分为技术矛盾和物理矛盾。技术矛盾描述的是一个系统中两个参数之间的矛盾，指在改善对象的某个参数（A）时，导致另一个参数（B）的恶化。此时，称参数 A 和参数 B 构成了一对技术矛盾。例如，改善了某个对象的强度，却导致其重量的恶化；改善了某个对象的生产率，却导致了其复杂性的恶化；改善了某个对象的温度，却导致了其可靠性的恶化。例如，桌子强度增加，导致重量增加；桌面面积增加，导致体积增大；改善了汽车的速度，导致了安全性发生恶化。

从矛盾的观点来看，A 和 B 之间存在这样一种类似于"跷跷板"的关系，是因为 A 和 B 之间既对立（改善了 A 却恶化了 B）又统一（A 和 B 位于同一个系统中，A 与 B 相互联系，互为依存）。

练一练

1. 请用 TRIZ 理论中的矛盾来分析十字路口修建立交桥后产生的新矛盾有哪些。

2. 请用 TRIZ 理论中的矛盾来分析在等候红绿灯时处于不熄火状态的汽车中有哪些矛盾。

任务二　通用工程参数和发明原理

一、通用工程参数

工程中存在大量的工程参数，每个行业、领域都有很多工程参数。为了方便定义技术矛盾，阿奇舒勒通过分析专利，陆续总结、抽取出 39 个通用工程参数（见表 8-1）。在 39 个通用工程参数中，任意 2 个不同的参数就可以表示一对技术矛盾，通过组合一共可以形成 741 种最常见、最典型的技术矛盾，足以描述工程领域中出现的绝大多数技术矛盾，将一个具体问题转化并表达为标准的 TRIZ 问题。可以说，39 个通用工程参数是连接具体问题与 TRIZ 方法的桥梁。

从表 8-1 可以看出，许多参数都被区分为"运动对象的"和"静止对象的"。所谓"运动对象"，是指可以很容易地改变空间位置的对象，不论对象是靠自己的能力来运动，还是在外力的作用下运动。交通工具和那些被设计为便携式的对象都属于运动对象。而"静止对象"指空间位置不变的对象，不论是对象靠自己的能力来保持其空间位置的不变，还是在外力的作用下保持其空间位置的不变。判断的标准是：在对象实现其功能的时候，其空间位置是否保持不变，例如，建筑物、台式计算机、洗衣机、写字台等。

表 8-1　39 个通用工程参数

序号	名称	序号	名称	序号	名称
1	运动对象的重量	14	强度	27	可靠性
2	静止对象的重量	15	运动对象的作用时间	28	测量的精确性
3	运动对象的长度	16	静止对象的作用时间	29	制造精度

续表 8-1

序号	名称	序号	名称	序号	名称
4	静止对象的长度	17	温度	30	作用于对象的外部有害因素
5	运动对象的面积	18	照度（光强度）	31	对象产生的有害因素
6	静止对象的面积	19	运动对象所需要的能量	32	可制造性
7	运动对象的体积	20	静止对象所需要的能量	33	可操作性
8	静止对象的体积	21	功率	34	可维修性
9	速度	22	能量的无效损耗	35	适应性
10	力	23	物质的无效损耗	36	系统的复杂性
11	应力或压力	24	信息的损失	37	检测的难度
12	形状	25	时间的无效损耗	38	自动化程度
13	对象的稳定性	26	物质的量	39	生产率

　　这些工程参数中所说的对象既可以是技术系统、子系统，也可以是零件、部件或物体。

　　运动对象的重量：指运动对象的质量在重力场中的表现形式，是对象施加在其支撑物或悬挂物上的力。

　　静止对象的重量：指静止对象的质量在重力场中的表现形式，是对象物体施加在其支撑物、悬挂物或其所在表面上的力。

　　运动对象长度、静止对象长度：任何线性尺寸都可以被看作长度。要注意的是，这不一定是对象最长的一边。例如，一个运动的长方体的长、宽、高都可以看作运动物体的长度。

　　运动对象的面积、静止对象的面积：由线所围成的面所描述的几何特性，被对象所占据的某个面的局部，或指用平方单位制（例如平方米、平方厘米）表示的某个对象的内表面或外表面的特性。

　　运动对象的体积、静止对象的体积：用立方单位制表示的某个对象所占据的空间。例如，长方体的体积可以用"长×宽×高"表示，圆柱体的体积可以用"底面积×高"表示。

速度：某个对象的运动速度；一个过程（或作用）与完成该过程（或作用）所用的时间的比率，即单位时间内完成某种动作或过程的量。

力：用来衡量两个系统间的相互作用。在基础物理学中，力＝质量×加速度。在 TRIZ 中，力是指任何试图改变物体状态的相互作用，即使对象或系统产生部分地或完全地、暂时地或永久地变化的能力。

应力或压力：单位面积上的力，也包括张力。应力是指对象截面某一单位面积上的内力，压力是指垂直作用在物体表面上的力。

形状：对象的外部轮廓、外观。

对象（成分、组分、布局）的稳定性：对象保持自身完整性的能力，或对象的组成元素在时间上的稳定性。磨损、化学分解、熵增加都会导致稳定性降低。

强度：指对象对于由力引起的变化的抵抗能力，或者对象在外力作用下抵抗永久变形和断裂的能力。

运动对象的作用时间、静止对象的作用时间：也称为耐久性（耐用性、稳定性），既可以指物体能够实现其作用的那一段时间，也可以指服务寿命。平均无故障工作时间是作用持续时间的量度（标准）。

温度：对象的热状态。该参数包括其他一些与热或热量相关的参数，例如影响温度变化速度的参数——热容量。

照度（光强度）：照明质量等。

运动对象所需的能量、静止对象所需的能量：对象工作能力的量度，在经典力学中，能量是力和距离的乘积，包括使用超系统所提供的能量（例如电能或热能）。完成任何特定的工作，都需要能量。

功率：完成的工作量与所用时间的比率，或能量的使用速率。

能量的无效损耗：对所从事的工作没有贡献的能量耗费。

物质的无效损耗：系统中某些原料、物质、零件或子系统的，部分的或全部的、永久的或暂时的，对系统所从事的工作没有贡献的损耗。

信息的损失：系统中数据（或数据访问权限）的部分的或全部的、永久的或暂时的损失。经常包括感官上的信息，例如气味、声音等。

时间的无效损耗：时间是指某个行为的持续时间，其无效损耗是指对所从事的工作没有贡献的时间耗费。改善时间的损耗意味着缩短实施某个

项目八 TRIZ中的矛盾及其解决方法

行为所需的时间。

物质的量：系统中能够完全地或部分地、永久地或暂时地被改变的原料、物质、零件或子系统的个数或数量。

可靠性：系统以可预见的方式，在可预见的条件下，执行其预期功能的能力。

测量的精确性：系统中某个特性的测量值与其实际数值之间的接近程度。减少测量过程中的误差可以增加测量的精确性。

制造精度：对象（或系统）的实际特性与规定的（或要求的）特性之间的一致程度。

作用于对象的外部有害因素：系统对于外部产生的（有害）影响（作用）的敏感度。

对象产生的有害因素：有害因素会降低对象（或系统）机能的效率或质量。这些有害影响是由对象（或系统）产生的，是对象（或系统）运行过程的一部分。

可制造性（易制造性）：系统在制造或装配过程中的便利、舒适或容易程度。

可操作性（易用性、易操作性）：操作简单、容易。如果需要许多步骤，需要特殊的工具或需要许多高技术的工人等条件才能操作技术系统，那么技术系统就是不方便的。通常，一个方便的过程由于具有正确完成其功能的可能性，因而具有高的收益。

可维修性（易修性、易修理性）：是一种质量特性。例如，对于系统中出现的故障或毛病来说，进行维修时，方便、简单、需要的时间短。

适应性（或多功能性）：系统对外部变化明确响应的能力以及系统的多功能性，即系统能够在多种环境中以多种方式被使用的能力。

系统的复杂性：系统中所包含元素的数量和多样性以及元素间相互作用关系的数量和多样性。对系统进行控制的难易程度就是对其复杂性的度量。

检测的难度：对系统的测量或检测是困难的、昂贵的，需要大量的时间和劳动来建立、使用检测系统。组件之间的关系模糊，或存在组件之间彼此干涉，均表现为检测的难度。为降低检测误差而增加测量的成本也同样是增加测量的难度。

自动化程度：在没有人参与的情况下，对象完成其功能的程度。最低水平的自动化是利用手工操作的工具；中等水平的自动化是人对工具编程，并观测和监控工具的运行；高水平的自动化是机器感知操作需求，自我编制操作流程，并监控自己的操作。

生产率：在单位时间内，某子系统或整个技术系统所执行的功能或操作的数量。执行一个单位的功能或操作所需要的时间，或者指单位时间内，子系统或整个系统的输出，或产生一个单位的输出所需要的成本。

为了应用方便和便于理解，可将39个通用工程参数大致分为以下三类：

（1）通用物理及几何参数。运动物体和静止物体的重量，运动物体和静止物体的尺寸（长度），运动物体和静止物体的面积，运动物体和静止物体的体积、速度、力、应力或压强、形状、温度、照度、功率。

（2）通用技术负向参数。所谓负向参数，是指当这些参数的数值变大时，会使系统或子系统的性能变差。例如，若子系统为完成特定的功能，所消耗的能量越大，则说明这个子系统设计得越不合理。这主要包括：运动物体和静止物体的作用时间，运动物体和静止物体的能量消耗、能量损失、物质损失、信息损失、时间损失、物质的量，作用于对象的有害因素、对象产生的有害因素。

（3）通用技术正向参数。所谓正向参数，是指当这些参数的数值变大时，会使系统或子系统的性能变好。例如，若子系统的可制造性指标越高，则子系统制造的成本就越低。这主要包括：对象的稳定性、强度、可靠性、测量精度、制造精度、可制造性，操作流程的方便性、可维修性、适应性和通用性，系统的复杂性，控制和测量的复杂度、自动化程度，生产率。

二、发明原理

阿奇舒勒研究了大量的专利，得出了一个重要结论，就是尽管专利涉及的问题不尽相同，并且来自不同的行业，但是用来解决这些问题的方法是相同的。通过总结归纳，阿奇舒勒确定了40个解决问题最常用的方法，

项目八　TRIZ 中的矛盾及其解决方法

称之为发明原理。实践证明，这 40 个创新原理对于解决技术矛盾是行之有效的，比传统的创新方法具有更强的指导性和针对性，因此更便于人们的学习和掌握。

1. 分割原理
（1）将系统划分为多个彼此独立的部件。
（2）使系统可分解。
（3）提高系统被分割的程度。

例如，组合家具、标准计算机构件、可折叠的木尺、可以连接形成任何所需长度的软管。

2. 抽取原理
（1）将影响系统正常功能的部件或功能抽出并隔离。
（2）将系统中唯一有用或必要的功能或属性抽出并隔离。

例如，为了吓跑飞机场附近的鸟，录音播放鸟的天敌（如猛禽）的声音，这便是把声音从鸟的天敌身上抽取出来使用。

3. 局部质量原理
（1）将系统结构由一致改为不一致，将外部环境或外部作用由一致改为不一致。
（2）使系统各部件在最适于其运作的条件下发挥功能。
（3）使系统各部件实现的功能有差异且有用。

例如，矿井为了防尘，将一层锥形的薄水汽涂到钻孔装载机运转部分。水汽层的水珠越小，防尘效果越好。但细小的水汽影响了工作，解决办法是在细小的水汽的锥形面上覆盖一层粗糙的水汽。

4. 非对称原理
（1）如果对称的形状无法满足系统功能要求，就将对称的形状改为非对称。
（2）对于非对称的系统，提高非对称的程度。

例如：轮胎的一边比另一边更耐用以承受来自路边的撞击；当通过一个对称的漏斗卸载湿沙的时候，沙子在开口上方形成拱形，致使不规则的流动，一个不对称的漏斗几乎可以完全消除这种拱形。

5. 合并原理

(1) 将相同或相似的物体结合或合并,将相同或相似的部件集合起来执行并行操作。

(2) 使操作相邻或并行,并及时相结合。

例如,旋转式挖掘机的工作特征是在单步执行中具有特别的用来融化和软化冰冻地面的蒸汽管口。

6. 多用性原理

使同一部件或系统实现多个功能,减少部件数。

例如,沙发在夜间可转化为床,小型货车的座位可调整为适合坐、睡觉或者搬运货物。

7. 嵌套原理

(1) 将一个物体放入另一物体,或依次将各物体放入另一物体。

(2) 使一个部件穿过另一部件的腔体。

例如,望远镜、天线、堆垛椅子(相互叠放以便存放)、俄罗斯套娃。

8. 重量补偿原理

(1) 为补偿一个物体带来的重量增加,将它与可提供升力的物体合并。

(2) 为补偿一个物体带来的增重,使它与环境发生作用,产生空气动力、水动力、浮力及其他力。

例如,水翼艇、赛车的尾翼用来增加车对地面的压力。

9. 预防反作用原理

(1) 若有必要采取兼具有用和有害作用的行为,应在其后用相反的行为替代该行为,以控制有害作用。

(2) 提前在物体内施加压力,以平衡其后会出现的不希望的工作压力。

例如,钢筋混凝土形成的圆柱或地板;为了使轴的强度更高,将几根小管以精确的角度缠绕而制成强化轴。

10. 预先作用原理

(1) 将所要求的行动全部或至少部分地预先进行。

（2）将物体组织起来，使物体运作时从最方便的位置出发，运作过程中避免因等待而浪费时间。

例如，在刀刃横向制作一些凹槽，可使刀刃钝的部位脱落，恢复刀刃的锋利；瓶子里的橡胶胶水很难整洁、规则地使用，将瓶子做成带状可容易地使用适量的胶水。

11．预先防范原理

为补偿物体相对低的可靠性，提前准备应对措施。

例如，为防止入店偷窃行为，店主使用装有磁条的特殊标签；为了使顾客能将购买的商品带出，收银员在出口处将磁条消磁。

12．等势原理

在潜在的场中限制物体的位置改变，如在重力场中改变物体的操作环境，以避免升降物体带来的矛盾。

例如，工作人员在修车坑里更换汽车引擎润滑油，这样便不需要使用昂贵的升降工具。

13．逆向作用原理

（1）实施与问题的要求相反的行动。

（2）使系统中原静止部件运动，原运动部件静止。

（3）将系统颠倒。

例如，通过部件的振动来打磨清理部件，而不是依靠打磨机的振动。

14．曲面化原理

（1）用带曲线的零部件取代直线型的零部件，将平面改为曲面，立方体形（平行六面体）的零部件改为球形结构。

（2）使用滚筒、球体、螺旋及圆顶。

（3）将线性运动改为旋转运动。

例如，电脑鼠标利用球形结构将两个轴的线性运动转换成矢量运动。

15．动态特性原理

（1）不断改变系统或其环境的参数，使之始终处于最适合各个工作循环的状态。

（2）将系统划分为几个可做相对运动的部件。

（3）如果系统是静止的，使之运动或可转化。

例如，闪光灯在灯体和灯头之间有可弯曲变形的鹅颈管；为了减少船体全负荷时受到的阻力，船体由两个可打开的铰接的半圆柱形组成。

16．近似化原理

如果采用一种解决方法难以达到百分之百的效果，就用该方法实现稍差一点或稍过头一点的效果，使问题的解决变得容易。

例如，圆柱体通过浸入油漆的方法来上漆，但涂上的油漆比所期望的要多，通过快速地旋转圆柱体可将多余的油漆去除；为了从金属粉末仓库持续均衡地卸下金属粉末，仓库具有一个特殊的内部漏斗以提供持续不断的卸料压力。

17．多维化原理

（1）将物体在一维空间的问题转移到二维或三维空间解决。

（2）将层次单一的系统转变为多层次的系统。

（3）将物体转动、倾斜。

（4）把问题转移到物体的相邻区域或反面上。

例如，温室的北面具有一块凹面的反射镜，反射镜通过反射白天的太阳光改善温室房另一侧的照明。

18．机械振动原理

（1）使物体震荡或振动。

（2）增加频率（甚至到超声波波段）。

（3）采用物体共振频率。

（4）用压电振荡器替代机械振荡器。

（5）使用组合的超声与电磁振动。

例如，为了去除物体的铸层而不毁坏其外表，用振动的小刀代替传统的手工锯；在浇铸时，振动铸造模型以改善铸造物质的流动性和结构特质。

19．周期性作用原理

（1）用周期性或规律性的行为取代连续的行为。

（2）若行动已经是周期性的，则改变周期的振幅与频率。

（3）充分利用周期间隔执行其他操作。

例如，在用扳手拧已被腐蚀的螺母时，使用突发的推力而不是持续的力量;报警灯不停的闪烁比持续的亮着更能引起注意。

20. 有效作用原理

(1) 使物体的所有零部件在所有时间满负荷地持续工作。

(2) 取消工作中的无用及不连贯行为。

例如,钻孔带有开凿用的边,其主要作用是使钻孔在进退过程中能持续进行开凿。

21. 减少有害作用原理

快速通过特定的过程或阶段,如破坏性的、有害的或危险的操作。

例如,切割机在切割薄的塑料管时,可通过加快切割的速度来防止管子在切割过程中变形。

22. 变害为利原理

(1) 利用有害因素(如环境与周围事物的有害作用)达到积极的效果。

(2) 为消除主要的有害行为而将其加入另一个有害的行为。

(3) 将有害因素扩展到不再有害的程度。

例如,天气寒冷时,沙石在运输中会冻结成坚固的块状体。通过强化冰冻(使用液体氮)使冰块脆化,然后倒出;当使用高频电流加热金属时,只有外层被加热,这一消极效应后来被用来做表面热处理。

23. 反馈原理

(1) 引入反馈以改进过程或行动。

(2) 若反馈已存在,则改变其大小与影响。

例如,通过测量输出压力,在压力过小的情况下借助水泵的方法维持井里的水压;必须在将冰和水混合到一个精确的总重量时才可以对它们进行分开测量,因为很难精确控制冰的分配量,所以首先测量冰块的重量,然后通过水来调节,并精确达到所需的量;消音设备是通过取样噪音信号,然后进行相移,并将其反馈以消除噪音。

24. 中介物原理

(1) 引入中间过程或使用媒介物。

(2) 将物体与其他易于移动的物体暂时结合。

例如,当在液态金属中通电流时,为了减少能量损耗,将冷却的电极和较低熔点的液态金属作为媒介。

25．自服务原理

（1）使物体实施有益的辅助功能，自我服务。

（2）利用浪费的材料、能量或物质。

例如，为了在破碎滚筒机表面上均匀地分布研磨材料，并且防止进料器的磨损，进料器的表面由相同的研磨材料制成；电焊枪的喷杆通过一个特殊设备推进，为了简化系统，喷杆通过焊接电流控制的螺线管推进。

26．复制原理

（1）用简化而便宜的复制品取代不易得到、昂贵、易碎的物品。

（2）用光学复制品取代物体或过程。

（3）若已运用了可视的光学复制品，则转用红外或紫外复制品。

例如，当物体太高时，可通过测量它的影子来确定高度。

27．廉价替代原理

用多个廉价、具有一定质量的产品取代一个昂贵的产品。

例如，一次性捕鼠器由一个带诱饵的塑料管构成，老鼠从一个锥形开口进入捕鼠器，开口的壁面是有角度的，使老鼠能进不能出。

28．机械替代原理

（1）将机械系统转变为光学、声学或嗅觉系统。

（2）在机械系统中运用电场、磁场或电磁场。

（3）用运动场替代静止场。

例如，为了增加热塑性材料在金属覆盖层的结合度，可以使这一过程在电磁区域中进行以强化其与金属的结合。

29．气体液体原理

在系统中引入气体或液体零部件，以取代固体零部件。

例如，为了增加工业烟囱的排烟的抽力，安装一个有管口的螺旋管，当空气通过管口流进时，形成一堵空气墙，以减少拖拉力；为了运输易碎物品，使用空气泡沫封袋或泡沫状材料。

30．柔性（壳体或薄膜）原理

（1）用柔性外壳及薄膜取代三维结构。

（2）用柔性外壳及薄膜将物体与外部环境隔离。

项目八 TRIZ 中的矛盾及其解决方法

例如，为了防止植物叶面水分的蒸发，人们应用聚乙烯喷雾剂，聚乙烯很快凝固成保护膜，透过保护膜的氧气比水蒸气多，植物的生长状况得到大大改善。

31．多孔材料原理

（1）使物体多孔或加入多孔成分。

（2）若物体是多孔的，则利用孔结构引入新物质或功能。

例如，为了避免在机器中加入冷冻剂，机器的某些部分被填充经过冷却剂溶液浸泡的多孔渗水材料（细孔钢），当机器工作时，冷却剂溶液蒸发提供短期的、均衡的冷却作用。

32．颜色改变原理

（1）改变物体或其环境的颜色。

（2）改变物体或其环境的透明度。

（3）使用带色添加剂，以观察难以看清的物体或过程。

（4）若此类添加剂已经使用，则采用发光轨迹或跟踪元素。

例如，使用透明绷带可以不拆绷带而检查伤口；在钢铁厂，水幕被用来保护工人免受高温，但这种水幕只能隔绝红外线，融化的钢铁发出的明亮的光很容易穿过水帘，在水中加入色彩可起到滤波效应而依然保持水幕的透明。

33．匀质性原理

使物体与给定的由相同材料（或属性相同的材料）构成的其他物体相互作用。

例如，进料器的表面由与磨料相同的材料制成，这样可持续地补充进料器表面的磨损。

34．抛弃或再生原理

（1）抛弃系统中已履行了功能的部分或在操作中直接修正它们。

（2）在操作中直接存储物体的可消耗部分。

例如，开枪后子弹壳被抛出，火箭推动器在提供完动力之后与火箭分离。

35．改变参数的原理

改变物体的物理状态（如变为气态、液态或固态），改变浓度或密度，改变柔性，改变温度。

例如，在一个易碎材料的系统里，螺旋形螺钉的表面由弹性材料制成，并附带两个螺旋形的弹簧片，为了控制拧螺钉的过程，需要较大地改变螺钉的倾斜度。

36．相变原理

利用相位转变中发生的现象，如容积改变、吸热或放热等。

例如，为了控制有棱纹的管子的膨胀，将管子灌满水并冷却至结冰的温度。

37．热膨胀原理

（1）利用材料的热膨胀效应或收缩效应。

（2）若已利用了热膨胀原理，则利用膨胀系数不同的多种材料。

例如，为了控制温室屋顶窗户的开关，使用双金属合成板连接在窗户上，金属板随温度的变化而弯曲控制窗户的开或关。

38．强氧化原理

（1）用富氧空气取代一般空气。

（2）用纯氧取代富氧空气。

（3）将空气或氧气暴露在电离环境。

（4）使用电离的氧气。

例如，为了从火焰中获得更多的热量，用氧气替代空气。

39．惰性环境原理

（1）将物体置于惰性气体环境。

（2）在系统中加入中性或惰性部件。

例如，为了防止仓库里的棉花着火，在运输过程中使惰性气体充满贮藏区域。

40．复合材料原理

用复合材料替代由同一性质的物质组成的材料。

例如，军用飞行徽章由塑料和碳纤物铸造而成，以达到高强度和低重量的目的。

三、矛盾矩阵

通过研究,阿奇舒勒发现,针对某一对由两个通用工程参数所确定的技术矛盾,40个发明原理中的某一个或某几个发明原理被使用的次数要明显比其他的发明原理多。换句话说,一个发明原理对于不同的技术矛盾的有效性是不同的。如果能够将发明原理与技术矛盾之间的这种对应关系描述出来,技术人员就可以直接使用那些对解决自己所遇到的技术矛盾最有效的发明原理,而不用将40个发明原理进行逐一试用。于是,阿奇舒勒将40个发明原理与39个通用工程参数相结合,建立了矛盾矩阵,又称39×39矛盾矩阵(见表8-2)。

表8-2 39×39矛盾矩阵(局部)

改善的参数 \ 发明原理序号 \ 恶化的参数	运动对象的重量	静止对象的重量	运动对象的长度	静止对象的长度	运动对象的面积	静止对象的面积
运动对象的重量	+		15, 8, 29, 34		29, 17, 38, 34	
静止对象的重量		+		10, 1, 29, 35		35, 30, 13, 2
运动对象的长度	8, 15, 29, 34		+		15, 17, 4	
静止对象的长度		35, 28, 40, 29		+		17, 7, 10, 40
运动对象的面积	2, 17, 29, 4		14, 15, 18, 4		+	
静止对象的面积		30, 2, 14, 18		26, 7, 9, 30		+

续表 8-2

发明原理序号 改善的参数 \ 恶化的参数	运动对象的重量	静止对象的重量	运动对象的长度	静止对象的长度	运动对象的面积	静止对象的面积
运动对象的体积	2, 26, 29, 40		1, 7, 4, 35		1, 7, 4, 17	
静止对象的体积		35, 10, 19, 14	19, 14	35, 8, 2, 14		
速度	2, 28, 13, 38		13, 14, 8		29, 30, 34	
力	8, 1, 37, 18	18, 13, 1, 28	17, 19, 9, 36	28, 10	19, 10, 15	1, 18, 36, 37
应力或压力	10, 36, 37, 40	13, 29, 10, 18	35, 10, 36	35, 1, 14, 16	10, 15, 36, 28	10, 15, 36, 37
形状	8, 10, 29, 40	15, 10, 26, 3	29, 34, 5, 4	13, 14, 10, 7	5, 34, 4, 10	
对象的稳定性	21, 35, 2, 39	26, 39, 1, 40	13, 15, 1, 28	37	2, 11, 13	39
强度	1, 8, 40, 15	40, 26, 27, 1	1, 15, 8, 35	15, 14, 28, 26	3, 34, 40, 29	9, 40, 28

  行表示被恶化的通用工程参数，即由于改善了第一列中的某个参数而导致第一行中某个参数的恶化。位于矛盾矩阵中对角线上的单元格（以"+"表示的单元格）它们所对应的矛盾是物理矛盾，即改善的参数和恶化的参数相同。

  矛盾矩阵的单元格中的数字是发明原理的序号，每个序号对应于一个发明原理。这些序号是按照统计结果进行排列的，即排在第一位的那个序

项目八 TRIZ 中的矛盾及其解决方法

号所对应的发明原理在解决该单元格所对应的这对技术矛盾时，被使用的次数最多，依此类推。当然，在大量被分析的专利当中，用于解决某个单元格所对应的技术矛盾的发明原理不仅仅只有该单元格中所列出的那几个。只是从统计的角度来说，单元格中所列出来的那些发明原理的使用次数明显比其他发明原理的使用次数更多。

使用矛盾矩阵的具体步骤如下：

（1）从问题中找出要改善的参数 A。

（2）从问题中找出被恶化的参数 B。

（3）在矛盾矩阵的第一列中找到要改善的参数 A；在矛盾矩阵的第一行中找到被恶化的参数 B；从改善的参数 A 所在的位置向右作平行线，从恶化的参数 B 所在的位置向下作垂直线，位于这两条线交叉点处的单元格中的数字，就是矛盾矩阵推荐的、用来解决由 A 和 B 这两个通用工程参数所构成的这对技术矛盾的、最常用的发明原理的序号。

需要注意以下问题：

（1）对于某一对确定的技术矛盾来说，矛盾矩阵所推荐的发明原理只是指出了最有望解决这种技术矛盾的思考方向，而这些思考方向是基于对大量高级别专利进行概率统计分析的结果。因此，对于实际工作中所遇到的某对具体的技术矛盾来说，并不是每个被推荐的发明原理都一定能解决该技术矛盾。

（2）对于复杂问题来说，如果使用了某个发明原理，而该发明原理又引起了另一个新问题的时候（副作用），不要马上放弃这个发明原理。可以先解决现有问题，然后将这种副作用作为一个新问题，想办法加以解决。

（3）矛盾矩阵是不对称的。

练一练

1. 钢筋混凝土梁被广泛用于民用和工业建筑，往往是在工厂造好后才运送到工地。过宽的单段工字型钢筋混凝土梁在公路上运输时需要专用的运输车辆。有什么办法能够使钢筋混凝土梁顺利运达工地？

2. 带式输送机的皮带用得久了就会磨损，怎样才能延长皮带的使用寿命？请用曲面化原理给出解决方案。

3. 如何使国旗在没有风的时候仍然能够在旗杆上飘扬？请运用机械替代原理和气体液体原理进行分析，并给出方案。

任务三　利用矛盾矩阵解决技术矛盾

解决技术矛盾的核心思想是在改善技术系统中某个参数的同时其他参数不受影响。利用矛盾矩阵解决技术矛盾的过程，大致可以分为3个步骤，即分析技术系统、定义技术矛盾和解决技术矛盾。

一、分析技术系统

(一) 确定技术系统的所有组成元素

首先，对技术系统中各个组成元素的分析可以使人们对每个组成元素的参数特性和功能有一个全面的认识。其次，通过对各个组成元素之间的相互作用关系进行分析，可从整体上把握整个系统的作用机制，即不同元素之间存在什么样的相互作用以及它们对于系统整体性能、功能的实现分别起到了什么样的作用。最后，上述分析为找出问题的根源奠定基础。

另外，通过对技术系统进行深入分析，可以确定技术系统中所包含的各个子系统、技术系统所属的超系统，以便帮助人们更好地理解技术问题，为找出问题的根源做准备。只有这样，才可能从整体上系统地了解现有技术系统的情况：子系统、系统和超系统的过去、现在和未来。

以本项目的引导案例为例，在该案例中，作为一个技术系统，坦克由以下几部分组成：武器系统、推进系统、防护系统、通信系统、电气设备、特种设备和装置。

(二) 找出问题的根源

问题的根源即问题的根本原因，是彻底解决问题的基础。找出导致当前问题出现的逻辑链，由此就可以找到需要改善的参数。

问题不会平白无故地产生，问题的背后总是隐藏着原因。通常，消除引起问题的原因要比消除问题更容易，也更有效。在头脑中理清技术系统

项目八　TRIZ中的矛盾及其解决方法

在过去和未来的功能有助于人们理解技术系统的工作条件。对技术系统未来应具备的功能的理解还可以帮助人们发现新的、未预见到的、不会出现当前问题的工作条件,从而使问题自动得到解决。

以本项目的引导案例为例,在该案例中,为了增加坦克的抗打击能力,最直接的方法就是增加坦克的装甲厚度,但这导致了坦克重量的增加,从而导致了坦克机动性的降低和耗油量的增加等一系列问题。

(三) 定义需要改善的参数

(1) 改善已有的正面参数。

(2) 消除（或弱化）负面参数。

以本项目的引导案例为例,在该案例中,可以清楚地看出当前问题是如何产生的,各个相关参数是如何被串起来成为一个链状结构的（如图8-1所示）。

$$抗打击能力\uparrow \to 装甲厚度\uparrow \to 战斗全重\uparrow \to \begin{cases} 机动性\downarrow \\ 耗油量\uparrow \end{cases}$$

图8-1　引导案例的逻辑链

用通俗的语言可以描述为:为了改善（提高）坦克的抗打击能力,就改善（增加）坦克的装甲厚度,直接导致了坦克战斗全重的恶化（增加）,间接导致了坦克机动性的恶化（降低）和坦克耗油量的恶化（增加）。

从上述的逻辑推导中可以看出:要改善的参数是坦克的抗打击能力。对应到39个通用工程参数中,最合适的是强度。因此,本引导案例中要改善的参数就是强度。

二、定义技术矛盾

如前所述,技术矛盾是发生在技术系统中的冲突。如果对技术系统中某一参数的改善会导致系统中其他参数的恶化,就表明技术系统中存在冲突。前面确定了需要改善的参数,这里需要将技术矛盾明确地定义出来。

以本项目的引导案例为例,在该案例中,可以清楚地看出:由于改善了强度这个参数，直接导致了装甲厚度的增加，从而引起了坦克战斗全重的增加。因此，恶化的参数就是坦克的战斗全重，对应到 39 个通用工程参数中，最合适的是运动对象的重量。

前面已经得到了改善的参数，即强度；现在得到了被恶化的参数，即运动对象的重量。因此，可以定义出技术矛盾：改善技术系统的参数"强度"，会导致技术系统另一个参数"运动对象的重量"的恶化。当然，也可以将机动性或耗油量作为恶化的参数，只是本例选择了坦克的重量这个参数而已。选择不同的恶化参数，会得到不同的技术矛盾。

三、解决技术矛盾

定义了技术矛盾以后，就可以使用矛盾矩阵来寻找解决问题的思考方向。在表 8-2 的第一列中找到改善的参数：强度；在表的第一行中，找到被恶化的参数：运动对象的重量。从强度向左，从运动对象的重量向下分别作两条射线，在这两条射线的交叉点所在的单元格中，得到 4 个序号：1、8、40、15。

下面看一下从矛盾矩阵中得到的每个发明原理以及每个发明原理中的指导原则。

原理 1 分割：

（1）将一个对象分成多个相互独立的部分。

（2）将对象分成容易组装（或组合）和拆卸的部分。

（3）增加对象的分割程度。

应用指导原则（1），意味着将装甲分为多个不同的相互独立的部分。

应用指导原则（2），意味着将装甲分割为多个容易组装和拆卸的部分。

应用指导原则（3），意味着增加装甲的可分性，将装甲分割为更多的相互独立的部分。

原理 8 重量补偿：

（1）将某对象与另一个能提供上升力的对象组合，以补偿其重量。

（2）通过与环境的相互作用（利用空气动力、流体动力等）实现对象的重量补偿。

应用指导原则（1），意味着将某种能够提供上升力的对象与坦克或装甲组合起来，利用该对象提供的上升力来补偿坦克装甲的重量。

应用指导原则（2），意味着通过改变坦克的结构来使坦克能够利用环境中的物质来获得上升力，即能够自己产生上升力的坦克。

当前问题是解决陆战坦克的重量问题，不允许我们这样做，因此这一原理不适用。但是，在水陆两用坦克上，本原理得到了广泛的应用。例如，在第二次世界大战中，盟军对原有的谢尔曼坦克进行改进，设计出了DD两栖坦克。其原理就是在坦克上加装了9英尺高的可折叠帆布框架，使其成为像船一样能漂浮在水面上的坦克。帆布框架的作用，就是通过排开海水，产生浮力，以补偿坦克的重量。谢尔曼坦克本身就不是第二次世界大战中最好的中型坦克，而由它改造的谢尔曼DD水陆坦克更是由于极弱的防护而备受诟病。但在诺曼底登陆以后，水陆两栖坦克开始在武器装备序列中占有重要地位。第二次世界大战结束后，水陆两栖坦克更是开始了快速发展的步伐。

原理40 复合材料：

用复合材料代替均质材料。

应用该原理意味着用复合材料代替先前的均质材料。不同的复合材料可以具有不同的特性，很多复合材料可以同时满足高强度和低密度的要求。

原理15 动态特性：

（1）调整对象或对象所处的环境，使对象在各动作、各阶段的性能达到最佳状态。

（2）将对象分割为多个部分，使其各部分可以改变相对位置。

（3）使不动的对象可动或可自动适应。

应用指导原则（1），意味着调整坦克、装甲或作战环境的性能，使坦克在工作的各个阶段达到最优的状态。

应用指导原则（2），意味着将装甲分割为多个可以改变相对位置的部分。

应用指导原则（3），意味着让原本"静止"的装甲变得"可动"或可以根据环境的变化自动调整自己的状态。

将原理 1 的指导原则（2）、原理 40 和原理 15 的指导原则（2）结合起来，可以得到一个成功的解决方案。用复合材料来制造一块一块的、容易组装和拆卸的、可以动态配置的装甲板，按照需要动态地配置于坦克车体的各个部位。这也正是在第二次世界大战后坦克装甲发展的方向。

在利用发明原理和矛盾矩阵解决技术矛盾的时候，首先要认真阅读每个推荐的发明原理，用心体会每个指导原则的含义，并尝试将其应用于技术系统。不要拒绝任何想法，不管它看起来多么荒谬、可笑，都要尽最大的努力来使用它。其次，对于对应单元格中给出的这些发明原理，既可以单独使用，也可以考虑将两个或多个发明原理或指导原则合并起来使用。最后，如果所有给出的发明原理或指导原则都无法解决该问题，则需重新分析问题，重新定义技术矛盾，直到找出可用的解决方案为止。

练一练

在玻璃批量生产线上，加工完成后的玻璃仍处于通红状态，需要将其输送到指定位置直至冷却下来。

现在的问题是，因为玻璃还处于高温，呈现柔软的状态，在滚轴传输线的输送过程中会因为重力下垂而造成变形，导致玻璃表面凹凸不平，后续需要大量的打磨工作。

年轻的工程师说："我们可以将滚轴直径做得像火柴棍一样细，组成一个传输线。"

"那么，每米长度内将有大约 500 个滚轴，安装时需要像制作珠宝首饰一样细致。"老工程师说，"想一想这个传输线的造价。"

"我们不能再考虑滚轴传输线，最好用新的方法来替代它。"一位工程师说。

"有什么好办法呢？"年轻的工程师问道。

突然，TRIZ 先生出现了。

"让我们来研究一下这个问题。"他说，"从方法上来选择。"

随后，一个基于分割原理的解决方案展示了出来：用熔化的锡代替滚轴，传输线是个长长的、盛满熔化锡的槽子。由于锡的熔点低而沸点高，正适合通红的玻璃板的冷却温度区间，熔化锡在重力作用下，会呈现出一个绝对平面，可以很好地满足此工序的要求。

对于此案例，你还可以用什么原理来解决这个问题？

任务四　物理矛盾

阿奇舒勒提出的物理矛盾（physical contradiction，PC）是指对同一个对象的某个特性提出了互斥的要求。例如，某个对象既要大又要小，既要长又要短，既要快又要慢，既要高又要低，既要有又要无，或者既要导电又要绝缘，等等。物理矛盾是对技术系统的同一参数提出相互排斥的需求时出现的一种物理状态。无论对于技术系统的宏观参数，如长度、电导率及摩擦系数等，还是对于描述微观量的参数，如粒子浓度、离子电荷及电子速度等，都可以对其中存在的物理矛盾进行描述。

例如，飞机在起飞和降落的时候，必须用到起落架。但在飞行过程中又不需要起落架，以免引起不必要的空气摩擦。这是两个相反的要求。物理矛盾反映的是唯物辩证法中的对立统一规律，矛盾双方存在两种关系：对立的关系及统一的关系。一方面，物理矛盾讲的是相互排斥，即同一性质相互对立的状态，假定非此即彼；另一方面，物理矛盾又要求所有相互排斥和对立状态的统一，即矛盾的双方存在于同一客体中。

常见的物理矛盾可以针对几何参数、物理参数，也可以针对功能参数（见表 8-3）。

表 8-3　常见的物理矛盾

几何类	长与短	对称与非对称	平行与交叉	厚与薄	圆与非圆	锋利与钝	窄与宽	水平与垂直
材料及能量类	多与少	密度大与小	导热率高与低	温度高与低	时间长与短	黏度高与低	功率大与小	摩擦力大与小
功能类	喷射与堵塞	推与拉	冷与热	快与慢	运动与静止	强与弱	软与硬	成本高与低

在飞机的改型设计中，为了提高飞机的飞行速度，设计人员希望用一种推力更大的新型发动机来代替原有的发动机。但是，新型发动机的重量要比老发动机大很多，这使飞机的总重量大大增加。因此，在起飞时，原有机翼所提供的升力将无法满足要求。为了解决这个问题，可以增加机翼的面积。这样就能够在起飞的过程中产生更大的升力。但是，当飞机高速飞行时，增大了面积的机翼将产生更大的阻力，这又会降低飞机的飞行速度。

在这个例子中，针对"机翼面积"这个参数出现了相反的（互斥的、矛盾的）需求。一方面，为了提高飞行速度，需要推力更大的新型发动机；为容纳新型发动机比原有发动机更大的重量，需要在起飞的时候提供更大的升力，为此，需要增大机翼面积。另一方面，为了提高飞机的飞行速度，需要较小的飞行阻力，而机翼是产生飞行阻力的主要部位之一，增大机翼的面积会增大机翼的阻力，因此需要减小机翼面积。

一、定义物理矛盾

通常，在解决问题的时候，目标无法实现，就是因为没有解决最重要的矛盾。一个好的解决方案应该是这样的：在使一个特性（在本例中是重量、机翼面积）保持不变或得到改善的基础上，使目标特性得到改善。解决问题的方法往往并不是显而易见的，需要解决问题的人具有一定的创造性。

在常规设计中，对于这样的问题往往会采用折中或妥协的方法，或者仅仅满足两个矛盾特性中"比较重要的"那个特性，而对于另一个"不重要的"特性，则可以用其他协助性手段来进行处理。但是，对于 TRIZ 来说，追求的就是解决矛盾，建立一个"完美的"系统，即在不使其他特性恶化的前提下，改善那个"重要的"特性。

案例 8-2

飞机的载油量

增加飞机的巡航半径，飞机需要携带更多的燃油。但是，多携带燃油会增加飞机的重量，导致其单位航程耗油量的增加，从而缩短其巡航半

项目八 TRIZ 中的矛盾及其解决方法

径。这个问题,以前是通过给飞机携带副油箱的方式得以解决的。此时,副油箱被看作飞机的一个子系统。随着技术系统的进化,副油箱逐步从飞机这个技术系统中脱离出来,转移至超系统,并最终演变为现代的空中加油机。其结果是,飞机携带的燃油既多(飞机携带了空中加油机,空中加油机可以携带很多燃油)又少(飞机自身所携带的燃油少),满足了互斥的需求。

采用这种方式,一方面,由于飞机不需要携带副油箱,飞机的飞行重量降低,系统得以简化;另一方面,加油机可以携带比副油箱多得多的燃油,大大提高了为飞机补充燃油的效率。

<small>资料来源:李瑞星、周苏,《大学生创新思维与创新方法》。内容有删改。</small>

综上所述,物理矛盾可以表达为:对象应该具有特性"P",以便满足需求 A;同时,对象应该具有特性"非 P",以便满足需求 B。

可以参考以下两种模板来定义物理矛盾。

模板 1:

技术系统的名称中对象的名称应该是(具有)特性,以便对系统的第一种需求,同时又不应该是(具有)特性,以便对系统的第二种需求。

例如,飞机中机翼应该大,以便在起飞时提供更大的升力;同时又不应该大,以便在高速飞行时具有较小的阻力。

模板 2:

技术系统的名称中对象的名称的关键参数应该为关键参数的第一个值,以便技术系统的第一种功能或特性;同时,关键参数又应该为关键参数的第二个值,以便技术系统的第二种功能或特性。

例如,飞机中机翼的面积应该大,以便在起飞时提供更大的升力;同时面积又应该小,以便在高速飞行时具有较小的阻力。

在定义物理矛盾时,到底使用哪个模板,要具体问题具体分析。当然,这两个模板只是参考,读者完全可以在此基础上灵活应用,以更加适合的方式来表达问题中所蕴含的物理矛盾。

二、物理矛盾的定义步骤

当面对各种问题时,如何将其转换成物理矛盾是非常重要的。针对某种实际的问题情境，一般可以通过以下步骤逐步完成对其中物理矛盾的准确描述：

（1）进行技术系统的因果分析。

（2）从因果分析中定义出技术矛盾。

（3）提取物理矛盾：在这对技术矛盾中找到一个参数，及其相反的两个要求。

（4）定义理想状态：提取技术系统在每个参数状态的优点，提出技术系统的理想状态。

例如，制造重型卡车的时候，需要汽车非常坚固，并且能承载更多的货物，因此重型卡车需要运用大量的钢材来制造更大更厚实的车厢。但是，这样会使汽车质量增加，导致耗费更多的燃油。这一案例中技术矛盾是强度与运动物体的质量，物理矛盾为卡车车身的材料密度既要是高的同时又要是低的。

三、技术矛盾与物理矛盾的关系

物理矛盾和技术矛盾是有相互联系的（如图8-2所示）。例如，为了提高子系统Y的效率，要对子系统Y加热，但是加热会导致其邻近子系统X的降解，这是一对技术矛盾。同样，这样的问题可以用物理矛盾来描述，即温度要高又要低。高的温度提高Y的效率，但是恶化X的质量；而低的温度不会提高Y的效率，也不会恶化X的质量。因此，技术矛盾与物理矛盾之间是可以转化的。在很多时候，技术矛盾是更显而易见的矛盾，而物理矛盾是隐藏得更深入的、更尖锐的矛盾。

图8-2 技术矛盾与物理矛盾的相互联系关系

技术矛盾和物理矛盾两者有以下区别：

（1）技术矛盾是存在于两个参数（特性、功能）之间的矛盾，物理矛盾是针对一个参数（特性、功能）的矛盾。

（2）技术矛盾涉及的是整个技术系统的特性，物理矛盾涉及的是系统中某个元素的某个特征的物理特性。

（3）物理矛盾比技术矛盾更能体现问题的本质。

对于同一个技术问题来说，技术矛盾和物理矛盾是从不同的角度，在不同的深度上对同一个问题的不同表述。

练一练

1. 在夏天，一些人常常希望开空调凉快，身体凉爽了，胃又不舒服了，于是又希望不开空调，胃舒服了，身体又湿热难受，这其中就包含了又热又凉的物理矛盾，请用 TRIZ 物理矛盾进行描述。

2. 接收无线电波的天线经常架设在有雷雨的地方，为了避免雷击，必须设置避雷针，但避雷针会吸收无线电波，从而减少了天线吸收无线电波的数量。从防雷击方面看，需要避雷针，从吸收无线电波方面看，又不需要避雷针，请用 TRIZ 物理矛盾进行描述。

3. 过滤网眼孔应该尽量小，这样过滤效果好。但眼孔过小又容易堵塞。眼孔既要大，又要小，请用 TRIZ 物理矛盾进行描述。

任务五　分离方法

物理矛盾的解决方法一直是 TRIZ 研究的重点，其核心思想是实现矛盾双方的分离。为此，阿奇舒勒总结出了 11 个分离原理，告诉人们如何消除物理矛盾，这 11 个分离原理分别是：

（1）相反特性的空间分离。

（2）相反特性的时间分离。

（3）系统转换 1a：将多个同类或异类系统合并到一个超系统中。

（4）系统转换 1b：将系统转换为相反系统或将系统与其相反系统组合起来。

（5）系统的整体特性与局部特性相反。

(6)系统转换2：转换为在微观级别上工作的系统。

(7)相变1：改变系统中某个部分的相态或改变系统外部环境的相态。

(8)相变2：系统中某个部分动态的相态变化（根据工作条件来改变相态）。

(9)相变3：利用与相变相关的现象。

(10)相变4：用双相态的物质代替单相态物质。

(11)物理化学转换：化合－分解、电离－复合可以导致物质的产生－消除。

在实际工作中，很难将这11个分离原理一一记住。为了让使用者能更方便地利用分离的思想进行思考，现代TRIZ在总结解决物理矛盾的各种方法的基础上，将11个分离原理概括为4种分离方法：时间分离、空间分离、条件分离、系统级别上的分离。这4种方法的核心思想是完全相同的，都是为了将针对同一个对象（系统、参数、特性、功能等）的相互矛盾的需求分离开，从而使矛盾的双方都得到完全满足。它们之间不同之处在于，不同的分离方法选择了不同的方向来分离矛盾的双方。例如，时间分离所选择的求解方向就是在时间上将矛盾双方互斥的需求分离开。

一、时间分离

时间分离是指在时间上将矛盾双方互斥的需求分离开，即通过在不同的时刻满足不同的需求，从而解决物理矛盾。

当系统中存在互斥需求（P和非P）时，如果其中的一个需求（P）只存在于某个时间段内，而在其他时间段内并没有这种需求，就可以使用时间分离的方法将这种互斥的需求分离开。

在使用这种分离方法时，首先要确定是否在所有的时间段内都需要既是"P"又是"非P"。如果不是，则表示至少在某一个时间段内，没有要求既是"P"又是"非P"。因此，就可以在该时间段内，将这种对于系统的矛盾需求分离开。

例如，为了增强航空母舰的战斗力，航空母舰上需要搭载尽可能多的舰载机。由于长度的限制，航空母舰上供飞机起飞的跑道是非常短的。一方面，为了在这么短的跑道上起飞，飞机机翼应该大些，以便在相对较低的速度下获得较大的升力，使飞机顺利起飞；另一方面，为了在空间有限的航空母舰上搭载尽可能多的舰载机，飞机机翼应该尽可能小一些。

（1）分析。在这个问题中，对于机翼互斥的需求是：既要大，又要小。

（2）物理矛盾。机翼既应该是大的，又应该是小的，这显然是违反物理规律的。

（3）矛盾分析。当舰载机从航空母舰的飞行甲板上起飞时，需要较大的升力，因此希望机翼大；当舰载机停放在航空母舰的飞行甲板上或机库里时，为了减小其所占用的空间，希望机翼小。可以看出，对舰载机机翼的互斥需求在时间轴上是不重叠的。因此，可以考虑用时间分离的方法来解决这个物理矛盾。

（4）简化的问题。当飞机从飞行甲板上起飞时，如何使机翼保持在"大"的状态；当飞机停放在机库里时，如何使机翼保持在"小"的状态？有没有一种方法可以使机翼在需要大的时候变大，在需要小的时候变小呢？

（5）解决方案。将飞机的机翼设计成可折叠的，当飞机起飞时，机翼打开，就处于"大"的状态；当飞机处于停放状态时，将机翼折叠起来，就处于"小"的状态了。

二、空间分离

空间分离是指在空间上将矛盾双方互斥的需求分离开，即系统在不同的空间位置满足不同的需求，或在系统的不同部位满足不同的需求，从而解决物理矛盾。当系统中存在互斥需求（P 和非 P）时，如果其中的一个需求（P）只存在于某个空间位置，而在其他空间位置并没有这种需求，就可以使用空间分离的方法将这种互斥的需求分离开。

在应用这种分离方法时，首先要确定是否在所有的空间位置上都需要既是"P"又是"非 P"。如果不是，就表示至少在某一个空间位置，没有要求既是"P"又是"非 P"。因此就可以在该空间位置，将这种对于系统的矛盾需求分离开。

例如，在十字路口，去往不同方向的汽车都要通过相同的区域。但是，它们又不能同时通过相同的区域，否则就会造成交通事故。利用立交桥可以使去往不同方向的汽车在同一时间利用不同的空间位置通过该区域。

又如，在利用声呐对海底进行测量的过程中，如果将声呐探测器安装在船上，那么轮船发出的噪声会影响测量的精度。解决这个问题的方法之一就是用一根很长的电缆将声呐探测器拖在船后很远的地方，从而在空间上将声呐探测器与产生噪声的船分离开。

再如，烧菜的时候，锅应该是热的，以便加热食物；同时，锅又应该是不热的，以便厨师用手抓住锅进行操作。因此，在锅上安装了由耐高温塑料制成的柄，使锅的不同部位满足不同的需求。

三、条件分离

条件分离是指根据条件的不同将矛盾双方互斥的需求分离开，即通过在不同的条件下满足不同的需求，从而解决物理矛盾。

当系统中存在互斥需求（P 和非 P）时，如果其中的一个需求（P）只在某一种条件下存在，而在其他条件下不存在时，就可以使用条件分离的方法将这种互斥的需求分离开。

在应用这种分离方法时，首先要确定是否在任何条件下，都需要既是"P"又是"非 P"。如果不是，就表示至少在某一个条件下，没有要求既是"P"又是"非 P"。因此，就可以在该条件下，将这种对于系统的矛盾需求分离开。

例如，对于近视的人来说，当太阳光很强时，希望镜片的颜色深一些；当太阳光较弱时，希望镜片的颜色浅一些，甚至是无色。因此，这个问题的物理矛盾是镜片的颜色既应该是深的，又应该是浅的。解决方案是在镜片中加入少量氯化银和明胶。其中，氯化银是一种见光能够分解的物质，分解出来的金属银的颗粒很细，但可使镜片的颜色变暗变黑，降低镜片的透明度。在没有太阳光直射的情况下，明胶能使已经分解出来的银和氯重新结合，转变为氯化银。利用这种镜片制成的眼镜可以根据光线强度的不同，呈现不同深浅的颜色。

项目八 TRIZ 中的矛盾及其解决方法

四、系统级别上的分离

系统级别上的分离是指在系统级别上将矛盾双方互斥的需求分离开，即在不同的系统级别上满足不同的需求，从而解决物理矛盾。

当系统中存在互斥需求（P 和非 P）的时候，如果其中的一个需求（P）只存在于某个系统级别上（例如，只存在于系统级别上）而不存在于另一个系统级别上（例如，不存在于子系统或超系统级别上），就可以使用系统级别分离的方法将这种互斥的需求分离开。

在使用这种分离方法时，首先要确定是否在所有的系统级别上都需要既是"P"又是"非 P"。如果不同的需求可以存在于不同的系统级别上，就可以在系统的不同级别上将矛盾的需求分离开。

例如，自行车链条应该是柔软的，以便精确地环绕在传动链轮上；它又应该是刚性的，以便在链轮之间传递相当大的作用力。因此，系统的各个部分（链条上的每一个链节）是刚性的，但是系统在整体上（链条）是柔性的。

下面用一个例子来总结上述四种分离方法：近视眼镜和远视眼镜的集成。有些人同时具有两种视力问题：近视和远视。近视和远视可以分别通过不同的眼镜来进行视力矫正。但是，对于既近视又远视的情况，该怎么办呢？这里找到的物理矛盾是人到中年，由于晶体调节能力的减弱，解决既要看远处又要看近处的问题。有以下四种解决方案：

（1）空间分离：1784 年，富兰克林将两种不同度数的镜片装入一个眼镜框中，解决了既要看远又要看近的问题。1959 年，渐进多焦点镜片问世，现在已经得到广泛认可。

（2）时间分离：两副眼镜，根据需要换着戴。

（3）条件分离：使用像照相机镜头那样的自聚焦透镜。

（4）系统级别上的分离：使用可以改变曲率和焦距的塑料透镜。

练一练

1. 对于拥堵的十字路口，如何利用空间分离、时间分离、条件分离和系统级别上的分离来解决？

2. 停车场占据太多的空间，导致绿化面积越来越少。如何利用空间分离、时间分离、条件分离和系统级别上的分离来解决？

任务六 利用分离方法求解物理矛盾

解决物理矛盾的核心思想利用分离方法，将同一个对象的某个特性的互斥要求分离开，并分别予以满足。

与利用矛盾矩阵解决技术矛盾的过程类似，利用分离方法解决物理矛盾，大致可以分为3个步骤，即分析技术系统、定义物理矛盾和解决物理矛盾。

一、利用分离方法解决物理矛盾的步骤

（一）分析技术系统
分析技术系统的步骤见项目八的任务三。

（二）定义物理矛盾
物理矛盾是对同一个对象的某个特性提出了互斥的要求。在前面的步骤中，找出了承载物理矛盾的那个关键参数。接下来，需要将物理矛盾明确地定义出来。

（三）解决物理矛盾
定义了物理矛盾以后，就可以使用分离方法来寻找解决问题的思考方向，如在时间上将矛盾双方互斥的需求分离开，即通过在不同的时刻满足不同的需求，从而解决物理矛盾。

二、将技术矛盾转化为物理矛盾

在一个问题中，可能同时包含多个矛盾。对于其中的某一个矛盾来说，它既可以被定义为技术矛盾，也可被定义为物理矛盾。技术矛盾与物理矛盾之间是可以相互转化的，利用这种转化机制，可以将一个冲突程度较低的技术矛盾转化为一个冲突程度较高的物理矛盾。

在一个技术矛盾中，两个参数形成了类似于"跷跷板"的关系，就

项目八 TRIZ 中的矛盾及其解决方法

是因为这两个参数之间是相关的。下面,就用金属零件化学热处理的例子来演示一下如何将技术矛盾转化为物理矛盾。

案例 8-3

金属零件的热处理

某种金属零件在化学热处理过程中,需要放入含有镍、钴、铬等金属离子的盐溶液中,以便在零件表面形成化学保护层。化学反应的速度会随温度的升高而迅速增大,温度越高,处理速度越快,生产效率越高。但是,在高温条件下,金属盐溶液会发生分解,将近75%的化学物质会沉淀在容器壁和容器底部。加入稳定剂,也没有什么改善。如果降低温度,会使化学热处理过程的生产效率急剧降低。

(1) 技术矛盾。可以描述为两个通用工程参数之间的矛盾,即生产率和物质的无效损耗。通过对问题的分析,构造出如图 8-3 所示的逻辑链。

这条链的两端就是所定义的技术矛盾中的两个矛盾的参数。在这个链上,选择温度作为中间参数。然后,分别以生产率和物质的无效损耗为起点,沿着逻辑链条向温度这个结点推进。当双方在温度这个结点汇合的时候,就表现为物理矛盾(如图 8-4 所示)。

图 8-3 生产率与物质的无效损耗之间的逻辑链

图 8-4 从技术矛盾向物理矛盾转化过程

（2）物理矛盾。为了将该问题转化为物理矛盾，可以选择温度作为中间参数。物理矛盾描述为：提高盐溶液的温度，生产率提高，物质的无效损耗增加；反之降低盐溶液的温度，生产率降低，物质的无效损耗减少。因此，盐溶液的温度既应该高，又应该低。

资料来源：李瑞星、周苏，《大学生创新思维与创新方法》。内容有删改。

在每个技术矛盾的后面，都能找到一个物理矛盾，正是这个物理矛盾引起了该技术矛盾。因此，可以说，所有的技术矛盾都能够被转化为物理矛盾。当将技术矛盾转化为物理矛盾时，往往会选择定义一个特殊的物理问题，该物理问题是可以用物理、化学或几何等科学原理和效应来解决的。

三、用发明原理解决物理矛盾

解决物理矛盾的4种分离方法与解决技术矛盾的40个发明原理之间存在一定的关系。对于每种分离方法，可以有多个发明原理与之对应（见表8-4）。

表8-4 分离方法与发明原理之间的对应关系

分离方法		发明原理序号
空间分离		1、2、3、17、13、14、7、30、4、24、26
时间分离		15、10、19、11、16、21、26、18、37、34、9、20
条件分离		35、32、36、31、38、39、28、29
系统级别上的分离	转换到子系统	1、25、40、33、12
	转换到超系统	5、6、23、22
	转换到竞争性系统	27
	转换到相反系统	13、8

练一练

1. 公路要宽又要窄，宽利于交通，但越宽占地越多，因此又要减少公路占地面积，路面要宽又要窄，请用物理矛盾分析。

2. 一块菜地，既要全部种白菜，又要全部种萝卜，请用物理矛盾

| 项目八　TRIZ 中的矛盾及其解决方法 |

分析。

3. 自行车的车轮子直径要求大又要求小,请用物理矛盾分析。

参考文献

[1] 刘仲林. 中西会通创造学：两大文化生新命［M］. 天津：天津人民出版社，2017.

[2] 周祯祥. 新思维理论与方法［M］. 沈阳：辽宁大学出版社，2005.

[3] 李瑞星，周苏. 大学生创新思维与创新方法［M］. 北京：中国铁道出版社，2018.

[4] 曹莲霞. 创新思维与创新技法新编［M］. 北京：中国经济出版社，2010.

[5] 蒋祖星. 创新思维导论［M］. 北京：机械工业出版社，2017.

[6] 卢尚工，梁成刚，高丽霞. 创新方法与创新思维［M］. 北京：化学工业出版社，2018.

[7] 王浩程，冯志友. 创新思维及方法概论［M］. 北京：中国纺织出版社，2018.

[8] 宫承波. 创新思维训练教程［M］. 2版. 北京：中国广播影视出版社，2016.

[9] 周苏，谢红霞. 创新思维与创业能力［M］. 北京：中国铁道出版社，2017.

[10] 张正华，雷晓凌. 创新思维、方法和管理［M］. 北京：冶金工业出版社，2013.

[11] 甘华鸣. 创新［M］. 北京：中国国际广播出版社，2001.

[12] 吴寿仁. 创新知识基础［M］. 上海：上海社会科学院出版

社，2011.

［13］师建华，黄萧萧. 创新思维开发与训练［M］. 北京：清华大学出版社，2018.

［14］陈爱玲. 创新潜能开发实用教程［M］. 北京：化学工业出版社，2013.

［15］创新方法研究会，中国21世纪议程管理中心. 创新方法教程（初级）［M］. 北京：高等教育出版社，2012.

［16］创新方法研究会，中国21世纪议程管理中心. 创新方法教程（中级）［M］. 北京：高等教育出版社，2012.

［17］创新方法研究会，中国21世纪议程管理中心. 创新方法教程（高级）［M］. 北京：高等教育出版社，2012.

［18］杨哲，张润昊. 创新思维与能力开发［M］. 南京：南京大学出版社，2016.

［19］张志胜，周芝庭，林琼. 新思维的培养与实践［M］. 2版. 南京：东南大学出版社，2018.

［20］那子纯. 思维创新［M］. 北京：中国人民大学出版社，2014.

［21］陈健，钱维莹. 创新一定有秘诀［M］. 上海：复旦大学出版社，2015.

［22］宁钟. 创新管理：获取持续竞争优势［M］. 北京：机械工业出版社，2012.

［23］蒂德·贝赞特. 创新管理——技术变革、市场变革和组织变革的整合：第4版［M］. 陈劲，译. 北京：中国人民大学出版社，2012.

［24］郭强. 创新能力培训全案［M］. 3版. 北京：人民邮电出版社，2014.

［25］斯卡金斯基，克劳斯怀特. 创新方法——来自实战的创新模式和工具［M］. 陈劲，蒋石梅，吕平，译. 北京：电子工业出版社，2016.

［26］沃格尔. 创新思维法：打破思维定式，生成有效创意［M］. 陶尚芸，译. 北京：电子工业出版社，2016.

［27］赵新军. 创新思维与技法［M］. 北京：中国科学技术出版社，2014.

［28］贺善侃. 创新思维概论［M］. 上海：东华大学出版社，2011.

［29］胡飞雪. 创新思维训练与方法［M］. 北京：机械工业出版社，2009.

［30］陈工孟. 创新思维训练与创造力开发［M］. 北京：经济管理出版社，2016.